Exercises in Electronics: Operational Amplifiers

Roland Büchi

Contents

Exercises
1. Circuits with ideal OpAmps   2
2. Circuits with non- ideal OpAmps   17
3. Filter Circuits   29
4. Schmitt- Trigger Circuits   42

Solutions
1. Circuits with ideal OpAmps   46
2. Circuits with non- ideal OpAmps   65
3. Filter Circuits   80
4. Schmitt- Trigger Circuits   104

Bibliografische Information der Deutschen Nationalbibliothek
Die Deutsche Nationalbibliothek verzeichnet diese Publikation in der Deutschen Nationalbibliografie; detaillierte bibliografische Daten sind im Internet über www.dnb.de abrufbar.

Impressum

Roland Büchi, 2015

Herstellung und Verlag: BoD – Books on Demand, Norderstedt

ISBN: 978-3-7386-4674-0

1. Circuits with ideal OpAmps

1.1 OpAmp for temperature measurement

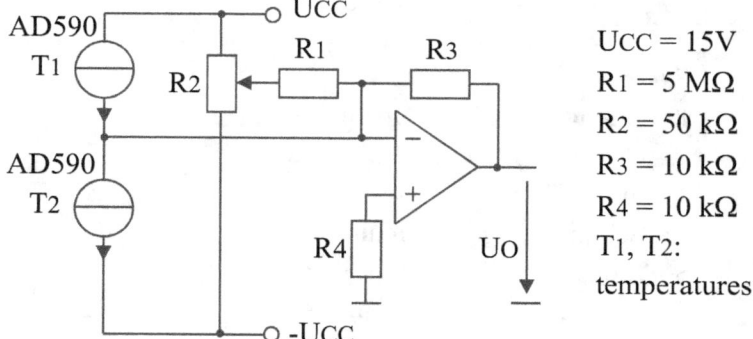

$U_{CC} = 15$ V
$R_1 = 5$ MΩ
$R_2 = 50$ kΩ
$R_3 = 10$ kΩ
$R_4 = 10$ kΩ
T_1, T_2: temperatures

The AD590 is a temperature sensor, which provides an impressed current of 1μA/K.

a.) Calculate $U_A = f(T_1, T_2)$. Neglect the influences of R_1 and R_2.
b.) What are R_1, R_2 and R_4 for? Calculate their influence to U_A.

1.2 OpAmp as voltage reference

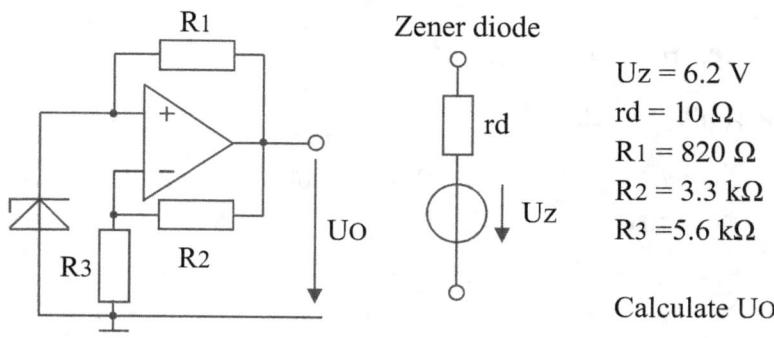

$U_Z = 6.2$ V
$r_d = 10$ Ω
$R_1 = 820$ Ω
$R_2 = 3.3$ kΩ
$R_3 = 5.6$ kΩ

Calculate U_O

1.3 Limited integrator

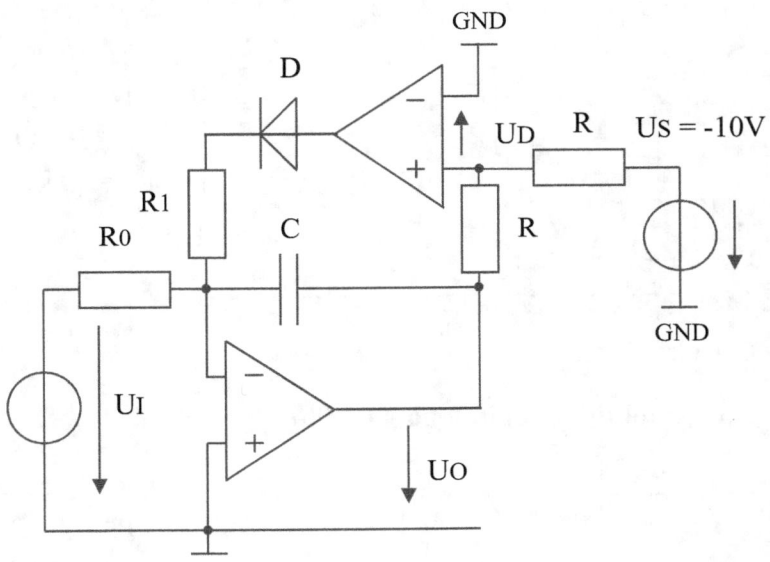

This circuit provides limited integrator. There is $U_I < 0$.

a.) Identify the blocks 'integrator' and 'limitation' in the circuit.
b.) Draw the characteristic $U_D = f(U_O)$.
c.) Mark the areas in the drawing of b.), where the Diode D is conducting, respectively blocking
d.) To which value, the voltage U_O is limited?
e.) Complete the circuit, so that positive and negative voltages U_O are limited.

1.4 OpAmp circuit

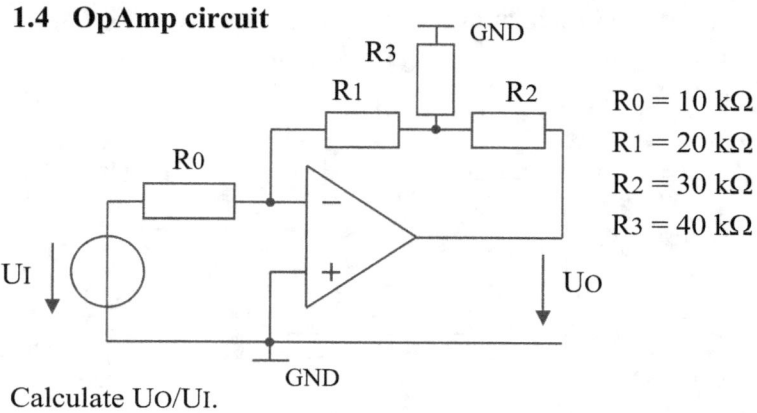

$R_0 = 10\ k\Omega$
$R_1 = 20\ k\Omega$
$R_2 = 30\ k\Omega$
$R_3 = 40\ k\Omega$

Calculate U_O/U_I.

1.5 Amplifier circuit, high pass filter

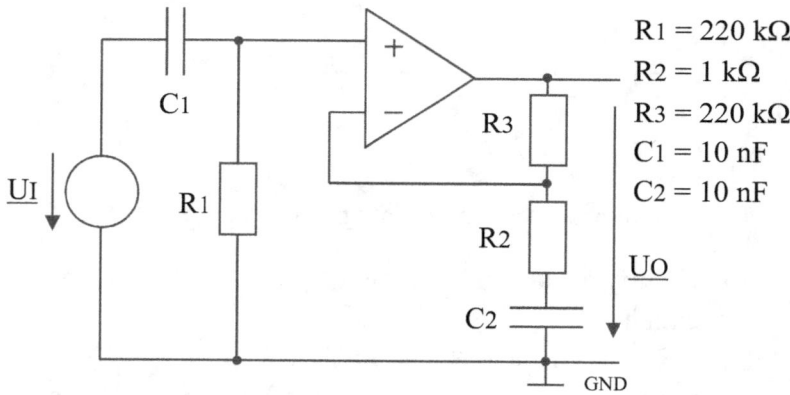

$R_1 = 220\ k\Omega$
$R_2 = 1\ k\Omega$
$R_3 = 220\ k\Omega$
$C_1 = 10\ nF$
$C_2 = 10\ nF$

a.) Calculate the transfer function $\underline{U_O}/\underline{U_I}$.
b.) The sinusoidal frequency ω is infinite. Calculate $|\underline{U_O}/\underline{U_I}|$ and the input impedance $\underline{Z_I}$.
c.) $\omega = 0$: Calculate $|\underline{U_O}/\underline{U_I}|$. Explain the function of C_1 and C_2.

1.6 Circuit with two OpAmps

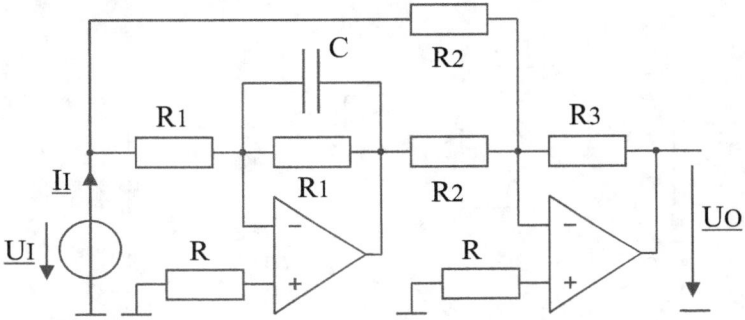

a.) Calculate the transfer function $\underline{U_O}/\underline{U_I}$.
b.) Calculate the input impedance $\underline{Z_I} = \underline{U_I}/\underline{I_I}$.
c.) Draw the amplitude response of the system.

1.7 Triangle rectangle generator

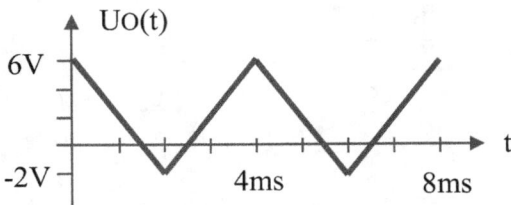

Develop a circuit which generates the above waveform. There are rail to rail Operational Amplifiers available with a supply voltage of +/-15V. Resistors may be used any desired, capacitors from the standard series E6. It is important to ensure that no OpAmp output is loaded with less than 2kΩ.

1.8 Subtracting amplifier

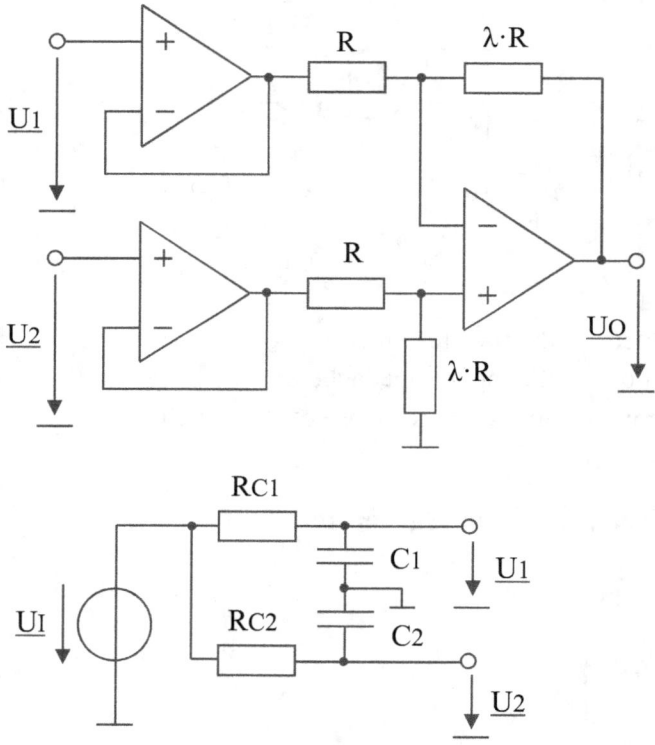

The inputs of the circuit are supplied with wires of different length. These are modelled by RC elements. Both lines are connected together on the other side. There, the voltage UI is applied.

a.) $C_1 = 0$, $C_2 = 0$. Calculate $\underline{U_O} = f(\underline{U_I})$.
b.) $C_1 \neq 0$, $C_2 \neq 0$, $R_{C1} \neq 0$, $R_{C2} \neq 0$. Calculate $\underline{U_O} = f(\underline{U_I})$.
c.) Calculate $|\underline{U_O}|$, when $\omega \cdot R_{C1} \cdot C_1 \ll 1$, $\omega \cdot R_{C2} \cdot C_2 \ll 1$.

1.9 Rotating field detection circuit

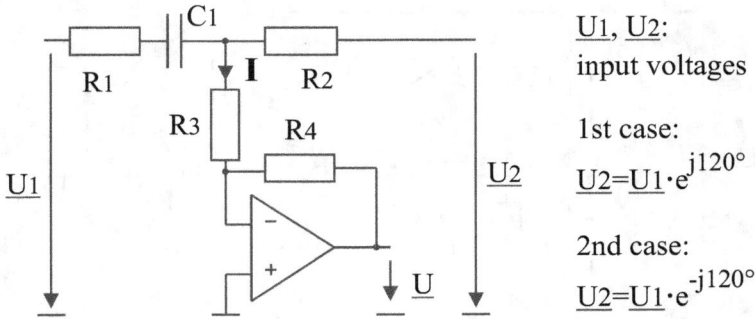

U1, U2: input voltages

1st case:
$$U_2 = U_1 \cdot e^{j120°}$$

2nd case:
$$U_2 = U_1 \cdot e^{-j120°}$$

a.) For which case, I = 0 is in principle possible?
b.) Give C1 and R1 as a function of R2, for I = 0 in a.)
c.) For which purpose, the circuit may be used?

1.10 Current source

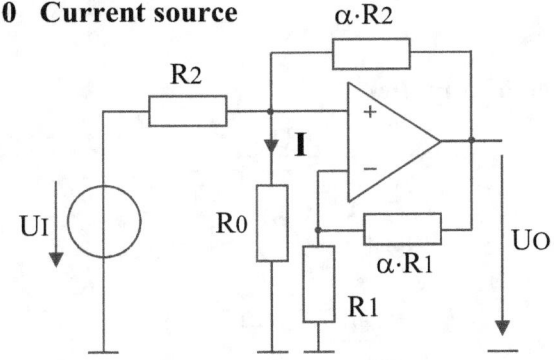

It is assumed that the operational amplifier will operate in negative feedback.
a.) Calculate I = f(UI).
b.) Calculate UO = f(UI).
c.) What is the purpose of the circuit for R0?

1.11 Subtracting amplifier

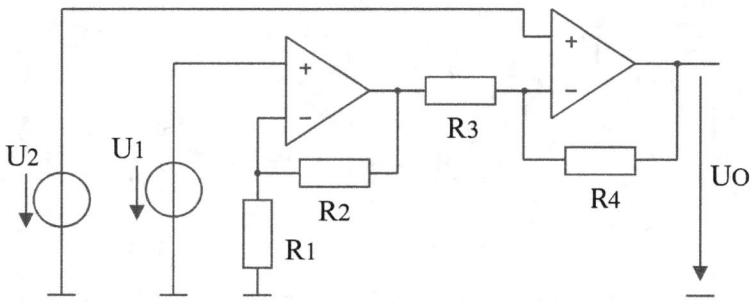

a.) Calculate Uo as a function of U1 and U2.
b.) Which condition must the resistors R1, R2, R3 and R4 fulfill, so that it applies $U_O = k \cdot (U_2 - U_1)$.
c.) Subtracting amplifiers can be realized with only one OpAmp. In comparison, what is the advantage of this circuit?

1.12 Symmetric amplifier

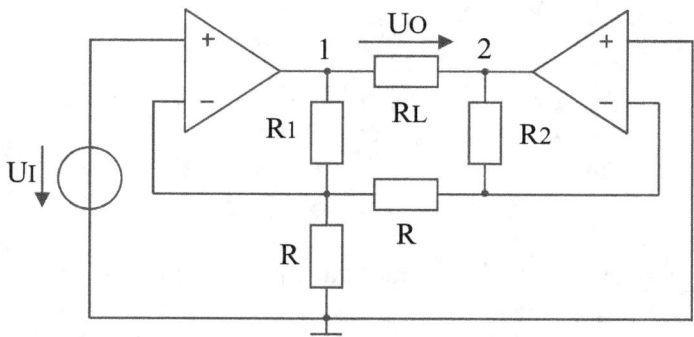

a.) Calculate $U_O = f(U_I)$.
b.) Calculate $R_2 = f(R, R_1)$ such that between '1' and '2' results a symmetric voltage to the reference potential.

1.13 Current source with OpAmp

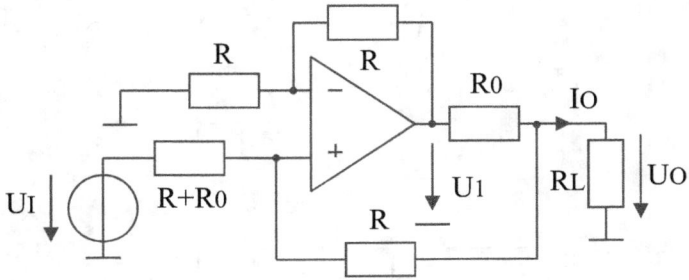

Calculate $I_O = f(U_O, U_1)$, $U_1 = f(U_I, U_O)$ and $I_O = f(U_I)$.

1.14 Input resistor

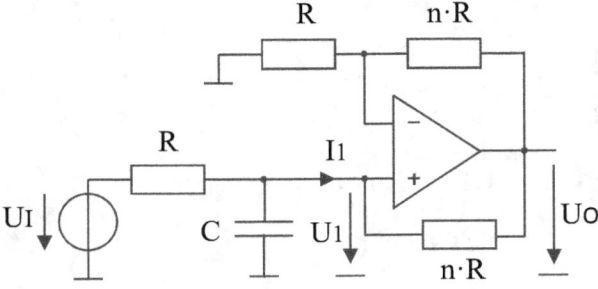

a.) Calculate the input resistor U_1/I_1. (RC element is not part of the equation)
b.) Calculate the transfer function $U_1(s)/U_I(s)$.
c.) Calculate the transfer function of the whole circuit, $U_O(s)/U_I(s)$.

1.15 Multiplier

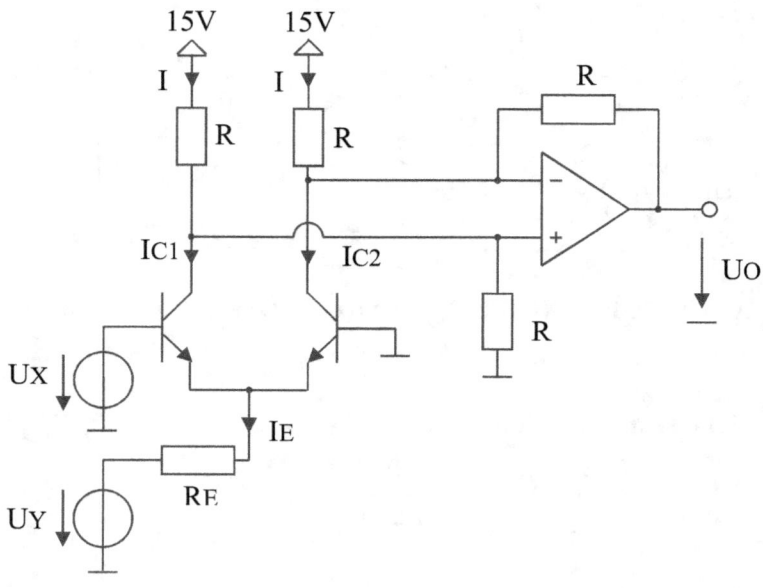

For $U_X \ll U_T$ (=25mV) is:

$I_{C1,2} = I_E/2 \cdot (1 \pm U_X/(2 \cdot U_T))$

a.) Calculate $I_E = f(U_Y)$. There is $U_{BE1,2} = 0.6V$ and $U_X = 0V$, $U_Y < 0$, $|U_Y| \gg U_{BE1,2}$.
b.) Calculate $(I_{C1}-I_{C2})$ and $U_O = f(I_{C1}-I_{C2})$.
c.) Calculate $U_O = f(U_X, U_Y)$.

1.16 OpAmp with FET

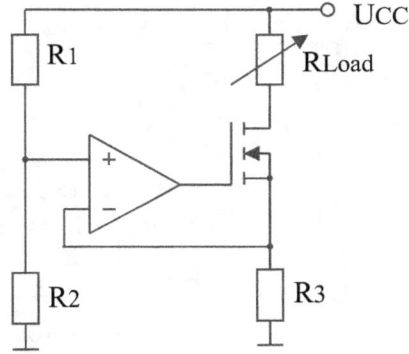

a.) Calculate I_D and U_{DS}.
b.) What function does the circuit for RLoad? Draw a circuit with the same function for RLoad, but with one connection of RLoad on Ground.

1.17 Two possibilities for changing potential

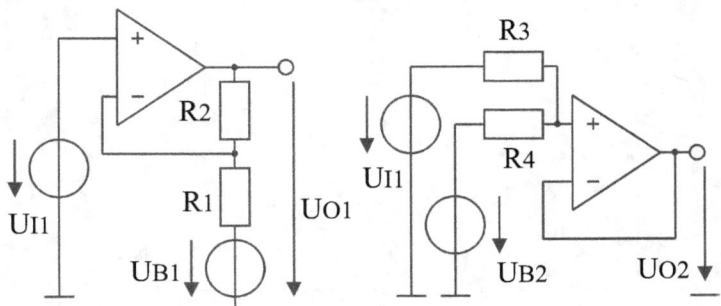

a.) Calculate $U_{O1} = f(U_{I1}, U_{B1}, R_1, R_2)$
b.) Calculate $U_{O2} = f(U_{I2}, U_{B2}, R_3, R_4)$

1.18 Current source using OpAmp and Zener Diode

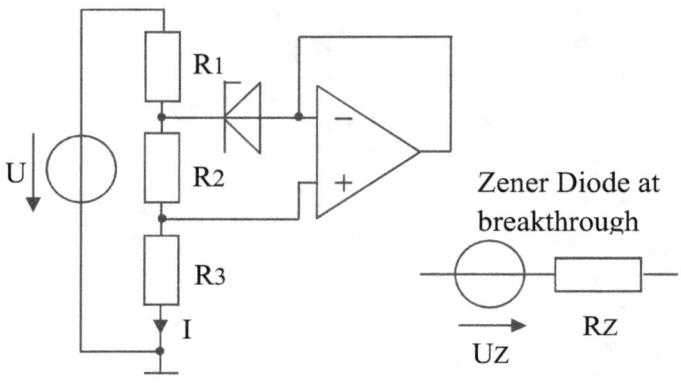

a.) Calculate $I = f(U, U_Z, R_1, R_2, R_3, R_Z)$
b.) Under what condition, I is independent of R_3?

1.19 Current source (negative feedback is assumed)

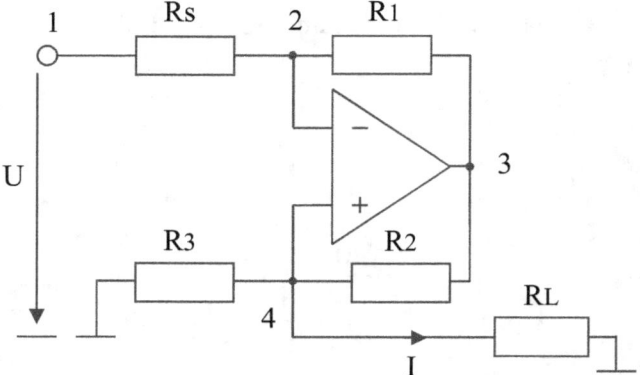

a.) Calculate I.
b.) It is $R_1 \cdot R_3 = R_s \cdot R_2$. Calculate I for this special case.

1.20 Phase shifting circuit

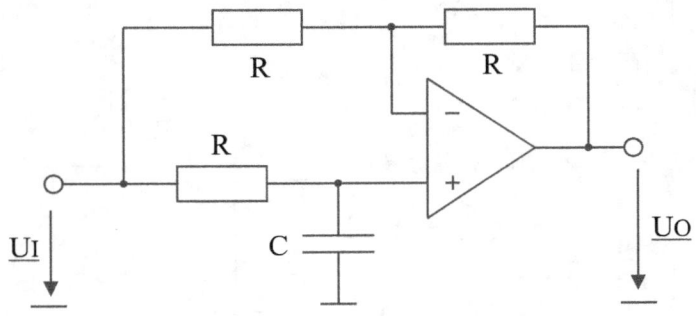

a.) Calculate the transfer function U_O/U_I.
b.) Bring the transfer function into the form $\lambda \cdot e^{i\varphi}$.
c.) Explain the function of the circuit.

1.21 Voltage regulator

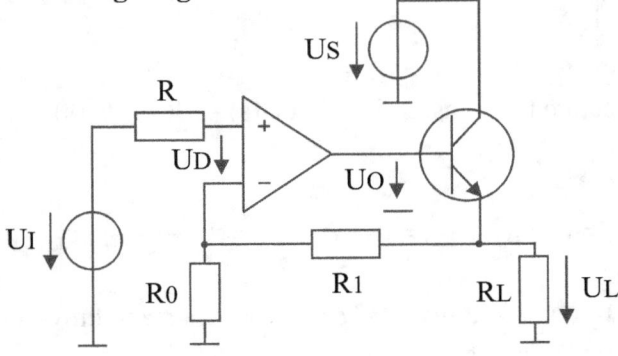

a.) $U_O = A \cdot U_D$, $A \to \infty$. Determine the voltage U_L as a function of the given circuit parameters.
b.) Determine the voltage U_L with the assumption $A \neq \infty$.

1.22 Circuit with three OpAmps

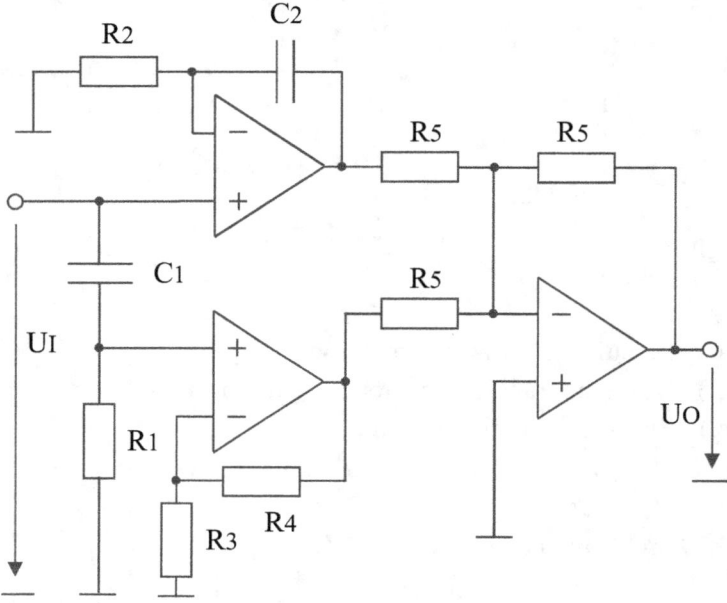

a.) Calculate the transfer function G(s) = UO(s)/UI(s). There are:

$$\tau_1 = C_1 \cdot R_1, \quad \tau_2 = C_2 \cdot R_2, \quad \tau_3 = \left(1 + \frac{R_4}{R_3}\right) \cdot \tau_1$$

b.) τ1=14 ms, τ2= 2 ms, τ3=18 ms. Calculate and draw the pole- zero chart.

c.) Draw the asymptotic curves of the amplitude response for ω → 0 and ω → ∞. Explain the function of the circuit for low and high frequencies.

1.23 Wien oszillator

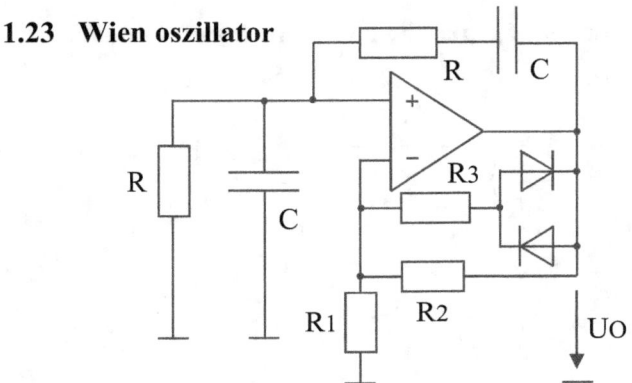

a.) Dimension the circuit.
b.) Calculate the phase slope $\Delta\varphi/\Delta f$ of the oscillator in the vicinity of the oscillator frequency f_0.

1.24 PID controller

Given is a transfer function of a PID controller.

$$\frac{U_O}{U_I} = K_p \cdot (1 + \frac{1}{s \cdot T_i} + s \cdot T_d) \qquad K_p = 1,\ T_i = 10s,\ T_d = 1s.$$

a.) Draw and dimension a circuit using OpAmps, which realizes the transfer function.
b.) Calculate the discrete transfer function H(z), using

$$s = \frac{1 - z^{-1}}{T} \qquad T = 0.1s.$$

c.) Find a calculation rule and calculate the first three output values for a unit step at the input.

1.25 Circuit to measure the coil- velocity of a linear motor

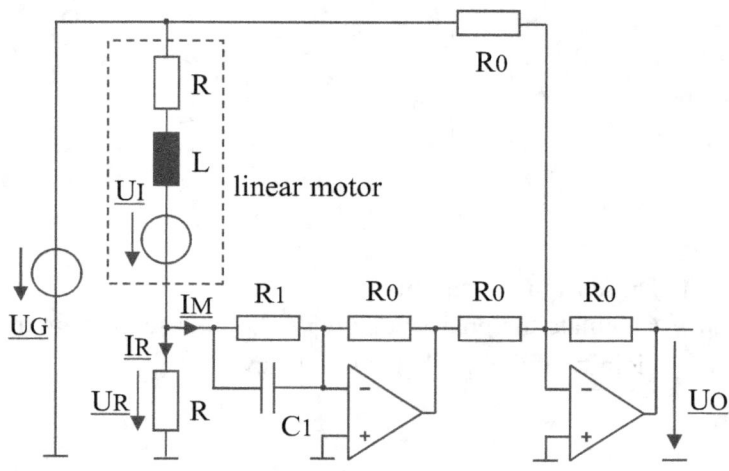

The linear motor is completely described by the equivalent circuit. Here, R and L are winding resistance and inductance. U_I is the induced voltage, which is proportional to the coil speed. U_G is the output voltage of a sine wave generator. The OpAmps are ideal and it is $I_R \gg I_M$.

a.) Calculate U_O as a function of U_G, U_I, L, R, R_0, R_1 and C_1.

b.) Determine C_1 and R_1 as functions of L, R and R_0, so that is: $U_O = k \cdot U_I$. In this case, give the formula for k.

2. Circuits with non- ideal OpAmps

2.1 OpAmp and RC

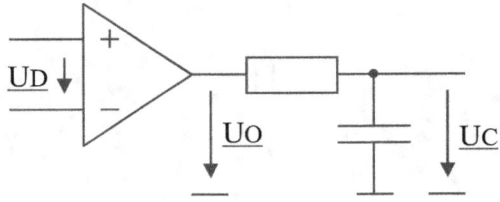

$$\underline{U}_O = A \cdot \underline{U}_D \qquad A = A_0 \cdot \frac{1}{1+j\omega T_1} \cdot \frac{1}{1+j\omega T_2}$$

$$A_0 = 10^5, \quad T_1 = \frac{1}{2\cdot\pi\cdot 1kHz}, \quad T_2 = \frac{1}{2\cdot\pi\cdot 1MHz}$$

Using an RC element, a gain $|\underline{UC}/\underline{UD}|$ of 40 dB shall be obtained at 10 kHz. Find graphically the time constant of RC.

2.2 OpAmp, non- inverting circuit

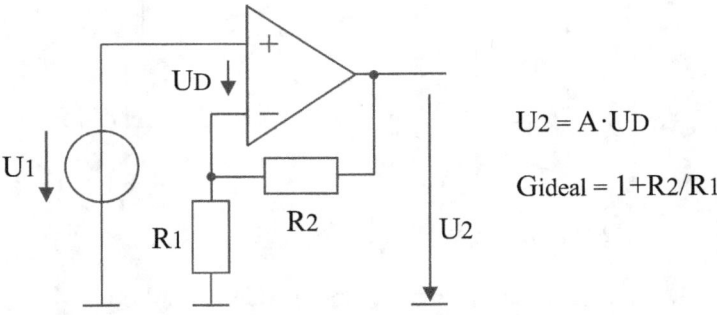

U2 = A·UD

Gideal = 1+R2/R1

Calculate V = U2/U1 as a function of A and Gideal.

2.3 OpAmp with Bias-currents and capacitor in the feedback

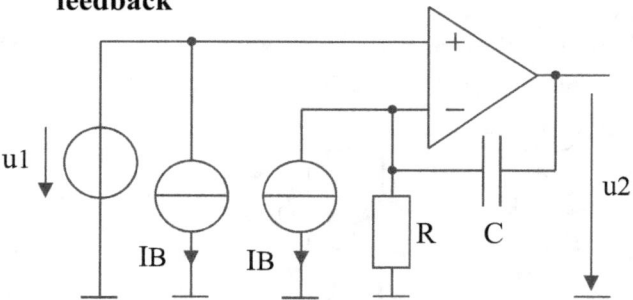

Given is an OpAmp circuit with Bias currents IB at the input. R= 10 kΩ, C = 1 nF, IB = 100 nA. Calculate u2 = f(t) with u1 = 0 and $u2_{(t=0)} = 0$. How could this effect be compensated by an electronic circuit ?

2.4 OpAmp with inverting circuit and output resistor

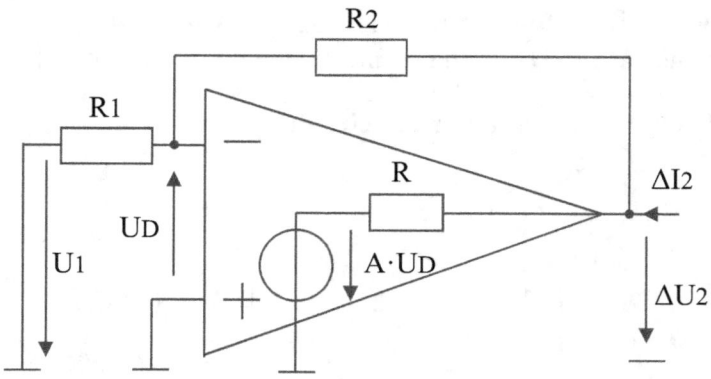

R1 = 1 kΩ, R2 = 2 kΩ, A = 10E5, R = 20Ω

U1 = 0. As a test signal, a small voltage ΔU2 is applied. Calculate ΔI2 and the differential resistor rout = ΔU2/ΔI2.

2.5 OpAmp with frequency response

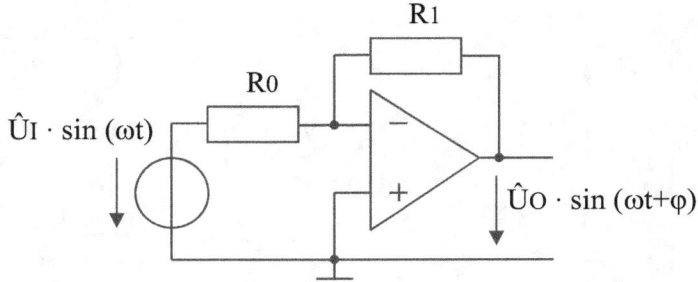

a.) Calculate $\hat{U}_O$ and φ for low frequencies.
b.) The transit frequency of the Operational Amplifier is f_t = 10 MHz. Calculate the amplitude $\hat{U}_I$ for low frequencies, if the -3dB frequency of the OpAmp is at 5 kHz and the maximum output amplitude $\hat{U}_O$ = 10 V. (Ratio R_1/R_0 is very large).

2.6 OpAmp with limited output range

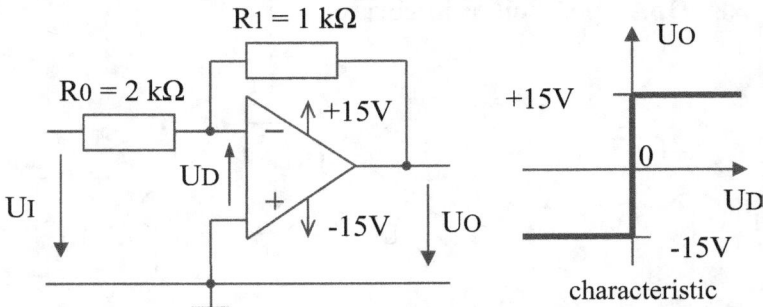

characteristic

a.) Draw the characteristic $U_O = f(U_I)$, ($-10V < U_I < +10V$)
b.) Draw the characteristic $U_D = f(U_I)$, ($-10V < U_I < +10V$)
c.) Indicate the areas in the drawings, where the OpAmp is working in the linear range respectively in the limitation.

2.7 OpAmp circuit frequency response

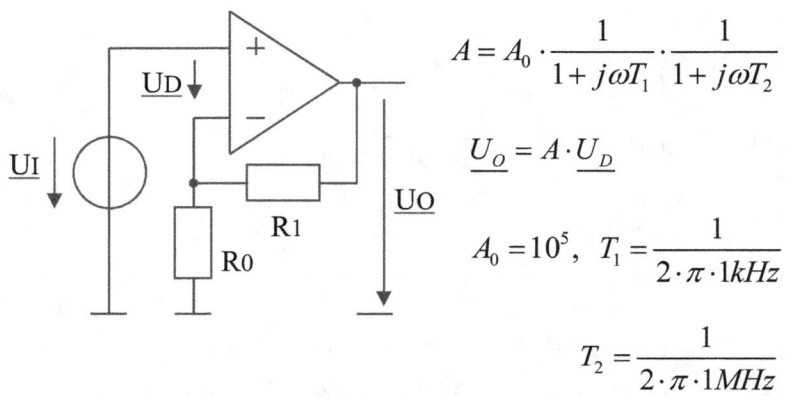

$$A = A_0 \cdot \frac{1}{1+j\omega T_1} \cdot \frac{1}{1+j\omega T_2}$$

$$\underline{U}_O = A \cdot \underline{U}_D$$

$$A_0 = 10^5, \quad T_1 = \frac{1}{2 \cdot \pi \cdot 1 kHz}$$

$$T_2 = \frac{1}{2 \cdot \pi \cdot 1 MHz}$$

a.) Estimate the -3dB frequencies graphically:
- f1 with R1 = 1 MΩ and R0 = 1 kΩ
- f2 with R1 = 9 kΩ and R0 = 1 kΩ

b.) For R1 → ∞, estimate the phase angles between $\underline{U}_O$ and $\underline{U}_I$ for the -3dB frequencies f1 and f2.

2.8 OpAmp circuit as integrator

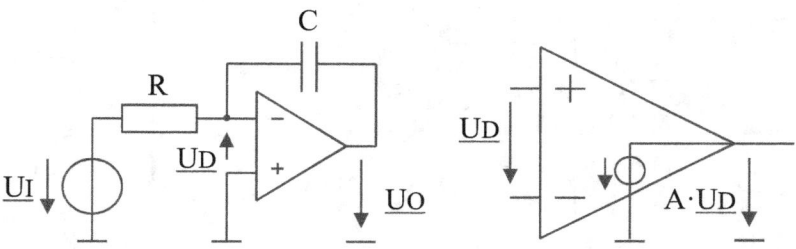

R = 1 MΩ, C = 0.1 nF, A = 1E5

a.) Calculate the transfer function $\underline{U}_I(j\omega)/\underline{U}_O(j\omega)$.
b.) Draw the frequency response and mark, where the circuit is operating as integrator.

2.9 OpAmp in inverted circuit

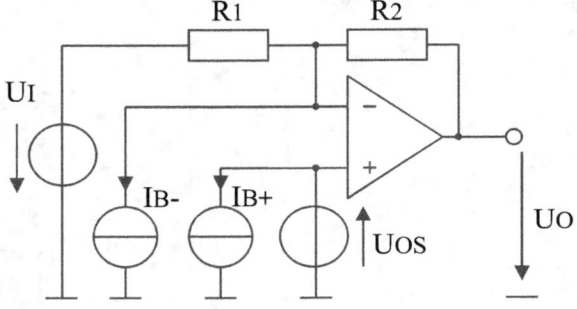

Calculate $U_O = f(U_I, I_{B+}, I_{B-}, U_{OS})$.
I_B: Bias currents, U_{OS}: U_{OFFSET}

2.10 OpAmp as integrator, transfer function

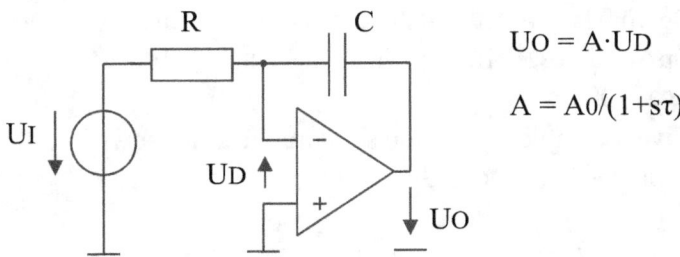

$U_O = A \cdot U_D$

$A = A_0/(1+s\tau)$

Calculate the transfer function $G(s) = U_O(s)/U_I(s)$ and bring it to the form

$$\frac{as^2 + bs + c}{s^2 + ds + e}$$

2.11 Amplifier for fast current signals: using ideal components, UO is proportional to the delivered charge of current i.

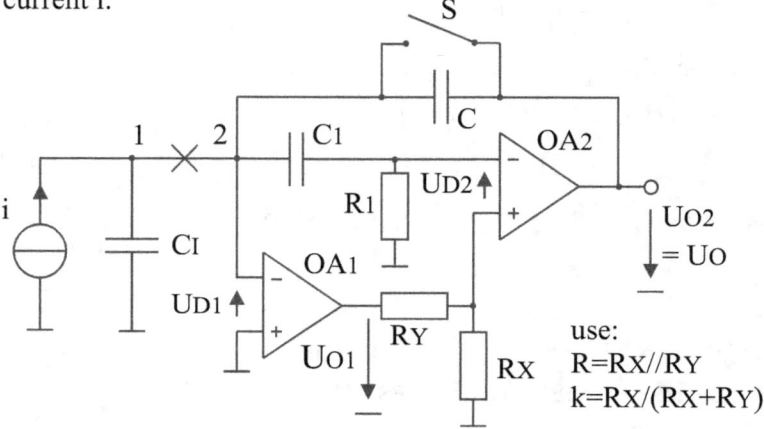

a.) 1 and 2 are not connected and S is always closed. It applies for the OpAmps: $U_O = A_0 \cdot U_D$.
OpAmp1: $I_{B1+} = I_{B1-} = 2fA$, $U_{OFFSET1} = 1mV$, $A_{01} = 1E5$
OpAmp2: $I_{B2+} = I_{B2-} = 20nA$, $U_{OFFSET2} = 10mV$, $A_{02} = 7000$.
Give a complete equation set with the 4 unknown variables U_{D1}, U_{O1}, U_{D2} and U_{O2}.

b.) C_I is a shortcut, S is open, 1 and 2 are connected
OpAmp1: $U_1(s) = A_1(s) \cdot U_{D1}$
OpAmp1: $U_2(s) = A_2(s) \cdot U_{D2}$
I_B and U_{OFFSET} are neglected.
Give an equivalent circuit and complete equation set with the 4 unknown variables U_{D1}, U_{O1}, U_{D2} and U_{O2}.

2.12 Test circuit for OpAmp2

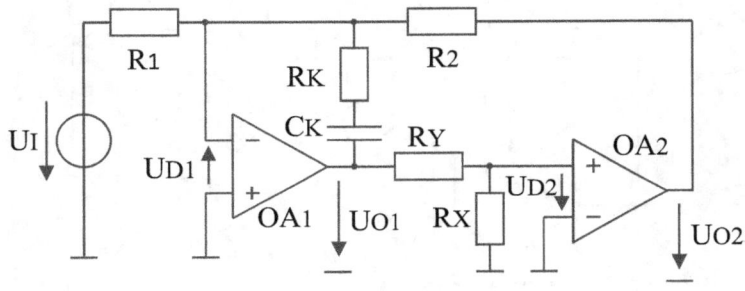

a.) Give an equivalent circuit under consideration of UOFFSET2, UO1=A01·UD1, UO2=A02·UD2.

b.) Give a general equation for UO2. Assume constant signals and use also UOFFSET2, UO1=A01·UD1, UO2=A02·UD2.

c.) Play the error sizes and non-idealities of OpAmp1 (UOFFSET1, IB1+, IB1-) a role, when one examines the relation between UO2 and UO1?

d.) Without CK and RK, the transfer function for larger frequencies is about:

$$G(s) = -\frac{R_2}{R_1} \cdot \frac{1}{1+s^2 \cdot k \cdot \dfrac{(R_1+R_2)}{R_1 \cdot \omega_{T1} \cdot \omega_{T2}}}$$

R1 = R2 = 100kΩ, k = (RX+RY)/RX = 1000,
$\omega_{T1} = \omega_{T2} = 2\pi \cdot 1E6 \ s^{-1}$
Calculate the poles of G(s) and draw a pole/zero chart.

2.13 Frequency response of two OpAms

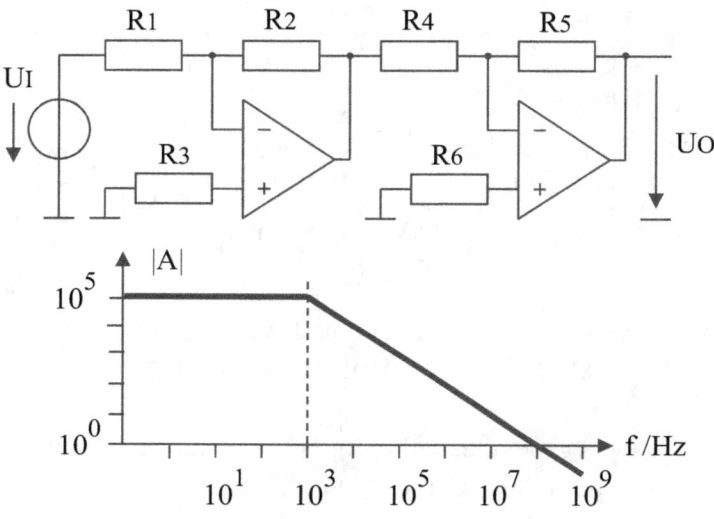

There are: R1 = 10 kΩ, R2 = 100 kΩ, R4 = 10 kΩ, R5 = 1 MΩ

a.) How the resistors R3 and R6 must be sized, when the zero drift should be minimal?

b.) The frequency response of the two Operational Amplifiers is as shown above. Calculate approximately the cutoff frequency of the electronic circuit $G(s) = U_O(s)/U_I(s)$. Why there are two inverted basic circuits connected together?

2.14 OpAmp filter circuit

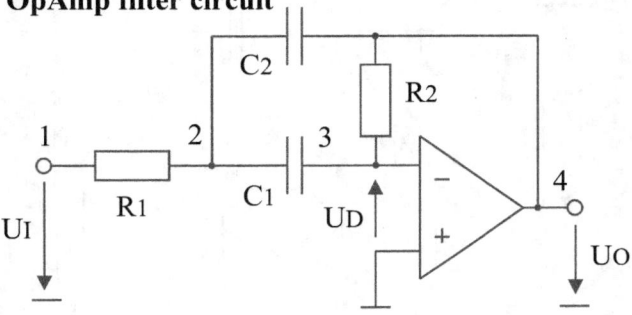

Model of Operational Amplifier: $U_O = U_D \cdot \dfrac{\omega_T}{s}$

a.) Give the admittance matrix and reduced admittance matrix of the circuit.

b.) The given transfer function allows the investigation of the influence of ω_T for two different cases. The according parameters are given in the table.

$$G(s) = \dfrac{U_o(s)}{U_I(s)} = -\dfrac{s \cdot \tau_B \cdot \omega_{0i}^2}{\left(s^2 + s \cdot \dfrac{\omega_{0i}}{q_i} + \omega_{0i}^2\right) \cdot \left(\dfrac{s}{x} + 1\right)}$$

$\tau_B = 53.05 \mu s$

case (i)	ω_T	ω_0	q	x
0 (ideal)	∞	1.88 E5 s^{-1}	5	∞
1	6.28 E6 s^{-1}	1.65 E5 s^{-1}	5.51	8.17 E6 s^{-1}

Calculate the gains $|G(j\omega_{0i})|$ for the cases as a function of the according angular frequencies.

2.15 Circuit

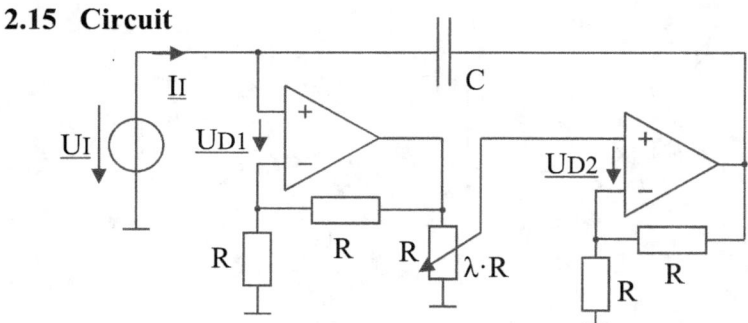

Operational amplifiers: output voltage = $A \cdot U_D$.
a.) Calculate the input admittance $\underline{Y_I} = \underline{I_I}/\underline{U_I}$.
b.) $A \gg 1$. Give the maximum value λ_{max}, for which the circuit behaves at its input such as a capacitor.

2.16 Circuit with non-ideal OpAmp

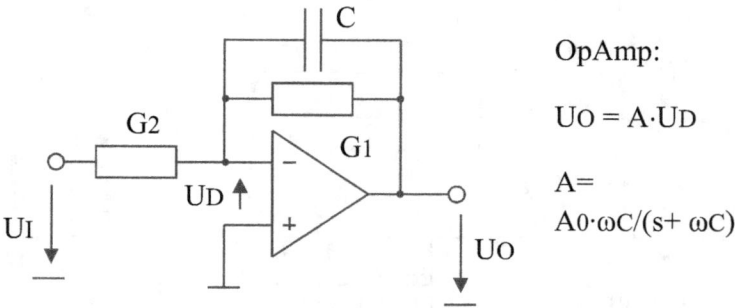

OpAmp:

$U_O = A \cdot U_D$

$A = A_0 \cdot \omega_C / (s + \omega_C)$

Calculate the transfer function $G(s) = U_O(s)/U_I(s)$.

2.17 OpAmp as differentiatior

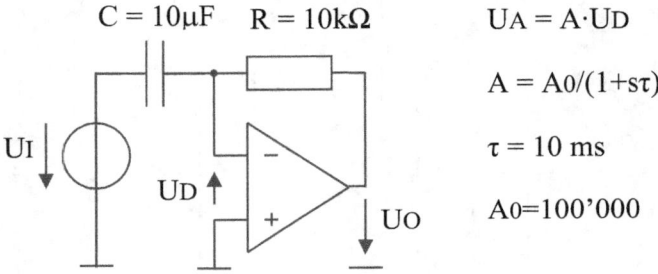

$U_A = A \cdot U_D$

$A = A_0/(1+s\tau)$

$\tau = 10$ ms

$A_0 = 100'000$

a.) Calculate the transfer function $G(s) = U_O(s)/U_I(s)$ and bring it to the form $\dfrac{as^2 + bs + c}{s^2 + ds + e}$

b.) Calculate the resonance frequency and the pole quality q.

c.) Draw the amplitude response and mark, where the circuit is operating as differntiator.

2.18 Real subtracting amplifier

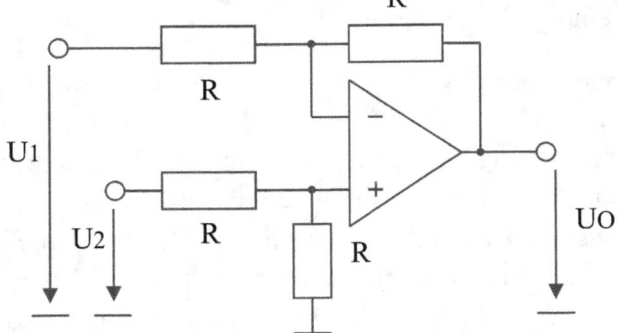

a.) Draw an equivalent circuit, which contains the bias currents I_{B+}, I_{B-} and the offset voltage U_{OS}.

b.) Calculate $U_O = f(U_1, U_2, I_{B+}, I_{B-}, U_{OS})$.

2.19 Insert bias currents and offset voltages

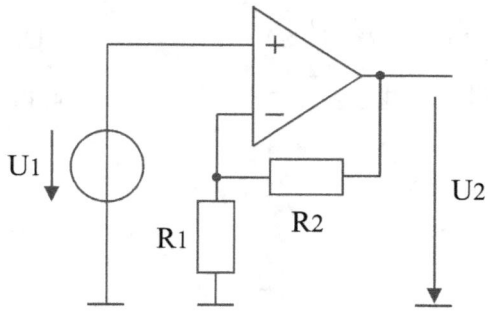

a.) Draw an equivalent circuit, which contains the bias currents I_{B+}, I_{B-} and the offset voltage U_{OS}.
b.) Calculate $U_O = f(U_1, U_2, I_{B+}, I_{B-}, U_{OS})$.

2.20 Slew Rate

An OpAmp is operated as AC amplifier. It is calculated an output amplitude of 5V. The Slew Rate is 10V/μs.

a.) Up to which frequency the output signal is without distortion?
b.) Now, a triangular signal will be amplified. Up to which frequency the output amplitude remains 5V?
c.) The same triangular signal as in b.) will be amplified. How large is the amplitude of the output signal at a frequency, which is larger by a factor 1.5 than it was calculated in b.)?

3. Filter Circuits

3.1 First order system

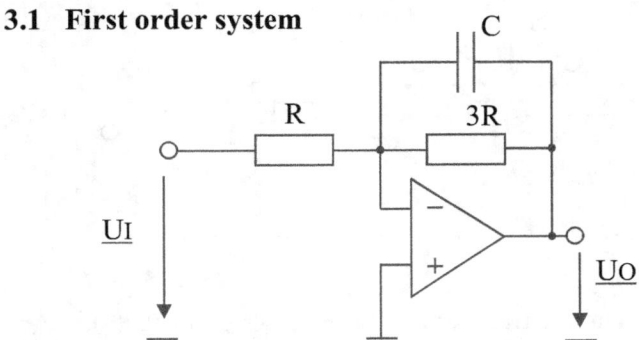

a.) Calculate the transfer function $G(j\omega) = U_O/U_I$. Calculate $G(\omega=0)$ und $G(\omega=\infty)$. Draw the nyquist diagram and the bode diagram.
b.) Calculate the cutoff frequency f_c of the circuit.

3.2 Non- inverting low pass filter circuit

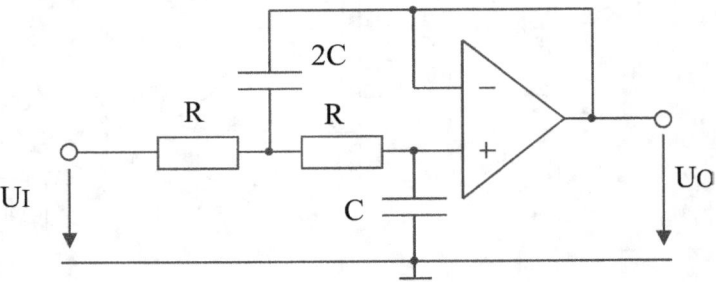

a.) Calculate the transfer function $G(s) = U_O(s)/U_I(s)$.
b.) Calculate the resonance frequency ω_0.

3.3 Calculation of filter parameters

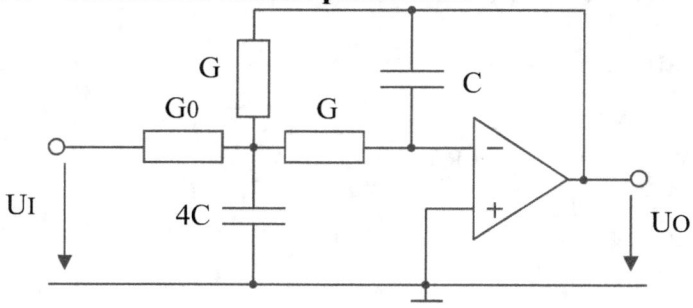

a.) Calculate the transfer function G(s) = UO(s)/UI(s).

b.) Calculate the resonance frequency ω_0 and the quality q.

c.) Find G0, for a DC- gain of -2.

3.4 Circuit for lead element

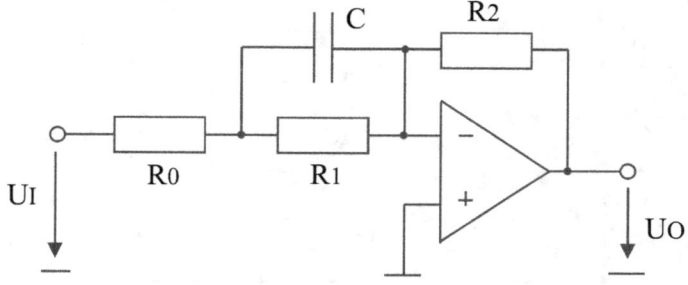

a.) Find the transfer function G(s) = UO(s)/UI(s).

b.) Draw the bode diagram of the system.

3.5 Two equivalent circuits

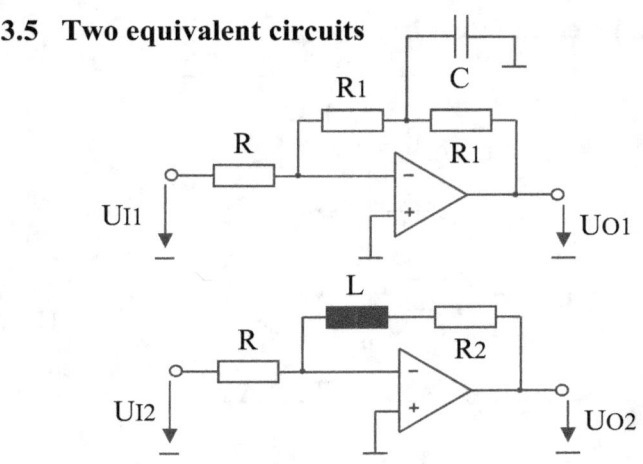

a.) Find the transfer functions of the two circuits.
b.) Find R1 = f(R2,L) and C = f(R2,L), in order that both circuits have the same frequency response.

3.6 Sallen Key- filter

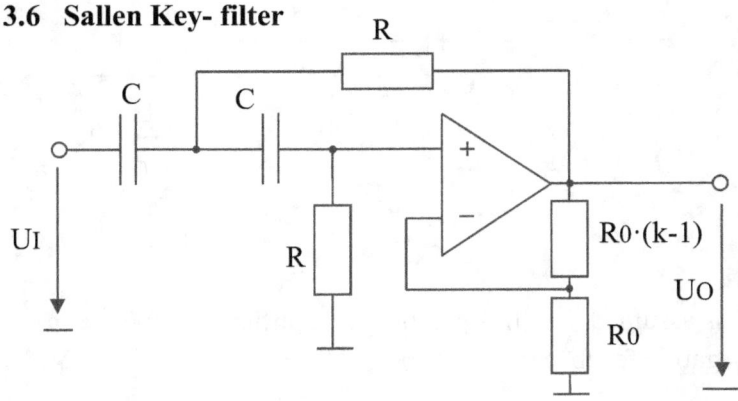

a.) Calculate the transfer function UO(s)/UI(s).
b.) Calculate the resonance frequency ω_0 and the quality q.

3.7 Non-inverted filter circuit

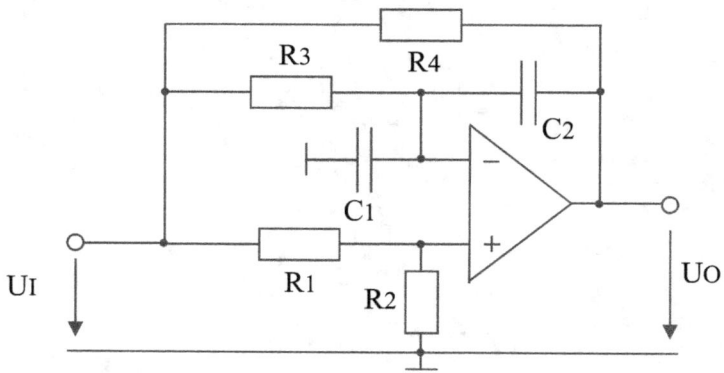

Find the transfer function G(s) = UO(s)/UI(s).

3.8 Stability of filter circuit

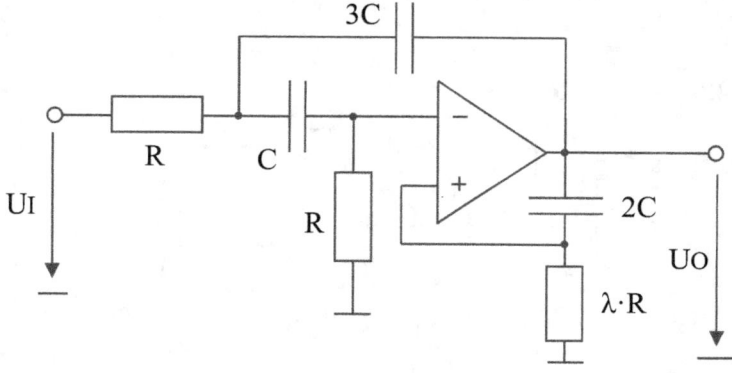

It is assumed that the operational amplifier will operate in negative feedback.

a.) Find the transfer function G(s) = UO(s)/UI(s).
b.) Under what condition for λ is the circuit stable?

3.9 Notch filter

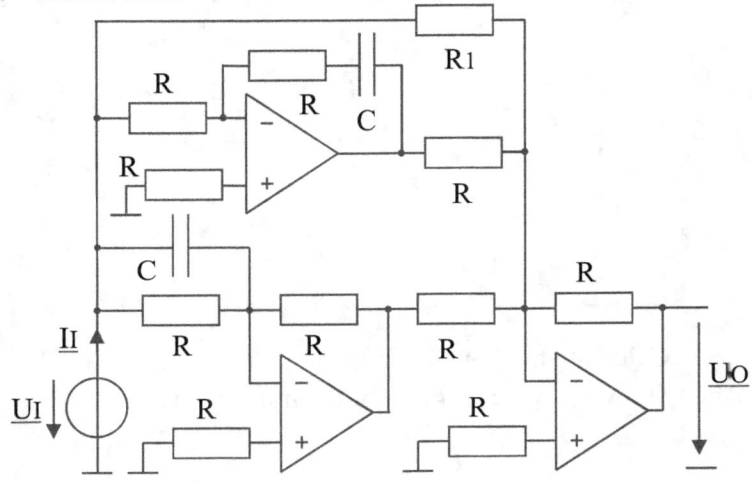

a.) Calculate the resistance R1 so that the amplitude of the transfer function UO/UI is zero at f0 = 1 / (2·π·RC).
b.) Draw the amplitude response with R1 found in a.)

3.10 Filter circuit

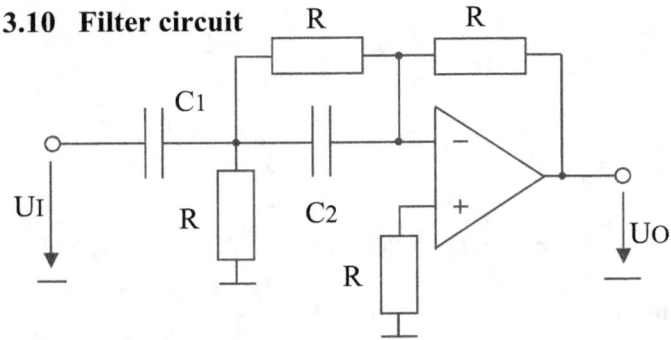

a.) Find the transfer function G(s) = UO(s)/UI(s).
b.) It was C1 = C2. Find an equivalent circuit with one C.

3.11 Circuit for lag element

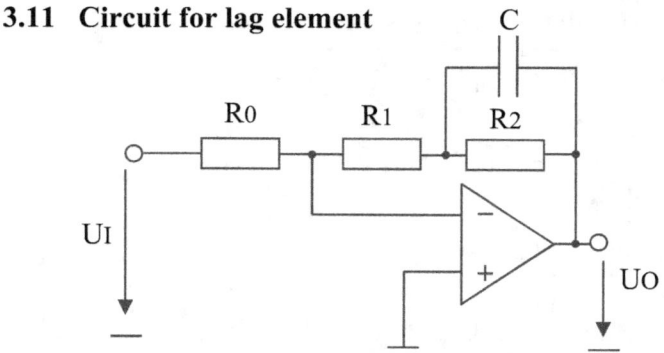

a.) Calculate the transfer function UO(s)/UI(s).
b.) Draw the bode diagram of the transfer function.

3.12 Filter circuit

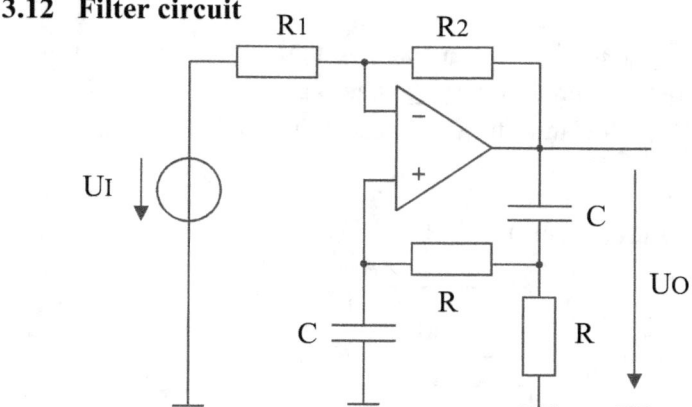

a.) Calculate the transfer function $G(s) = UO(s)/UI(s)$ and bring it to the form $$G(s) = K \cdot \frac{s^2 + as + b}{s^2 + cs + d}$$
b.) Why is a negative feedback assumed?

3.13 Non-inverted filter circuit

Dimension the circuit for the following values: resonant frequency $f_0 = 300$ Hz and quality $q = 0.707$. Use $C = 33$ nF.

3.14 Two circuits

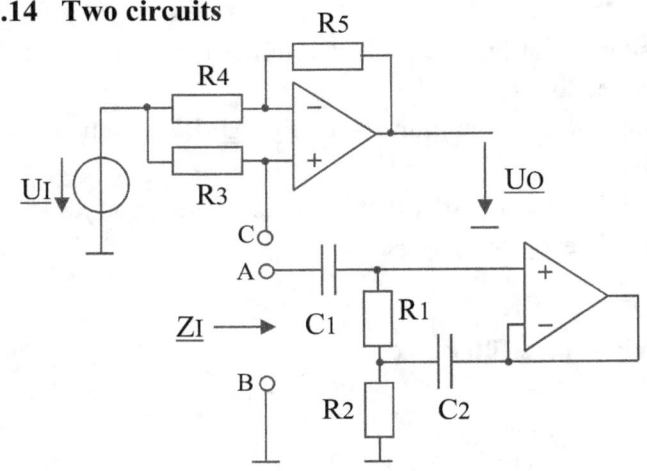

a.) There is first no connection between the two circuits. Calculate the input impedance $\underline{ZI} = f(C_1, C_2, R_1, R_2, \omega)$.

b.) Give an equivalent circuit for the impedance $\underline{ZI}$ using passive elements and calculate ω_0, in order that $\underline{ZI}$ is purely real.

c.) A and C are connected: Calculate the resistors R1 to R5, so that the gain of the transfer function $G(j\omega) = UO(j\omega)/UI(j\omega)$ is zero at ω_0.

3.15 Input impedance

[Circuit diagram showing input impedance configuration with two op-amps, resistors R0, R, and capacitor C]

It is assumed that the operational amplifiers will operate in negative feedback.

a.) Calculate the input impedance $\underline{Z}_I = \underline{U}_I/\underline{I}_I$ as a function of R_0, R, C, ω.

b.) Calculate R_0, in order that $\underline{Z}_I$ is purely imaginary. Calculate $\underline{Z}_I$ for this case.

3.16 High-pass filter circuit

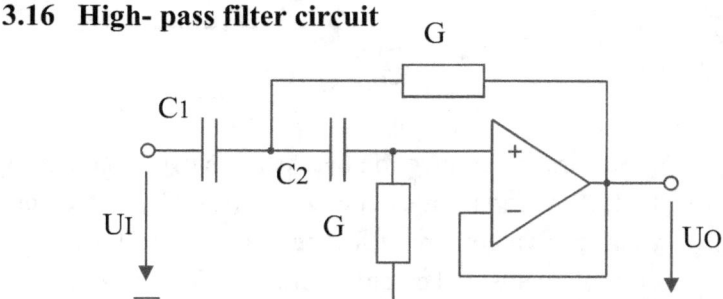

The admittances G are 0.1 mS. Dimension the highpass circuit for the following values: resonant frequency $f_0 = 300$ Hz and quality $q = 0.5$.

3.17 Transfer function and stability

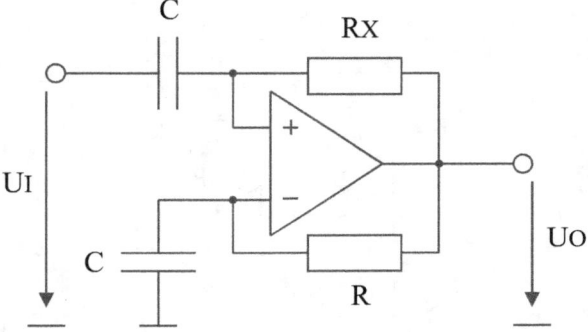

a.) Calculate the transfer function $G(s) = U_O(s)/U_I(s)$.
b.) Draw the bode diagram of the circuit. Describe the influence of RX on the transmission behavior. Make the distinction of cases RX<R and RX>R.

3.18 Analog and discrete filter

Given is the pole / zero chart of an analog filter

$p_{1,2} = [-500 \pm j \cdot 5000]$ s^{-1}, $z_{1,2} = 0$.

Develop a discrete filter, which has the above properties. The sampling time T is 100µs. The transformation equation is:
$z = e^{sT}$

a.) Draw the pole / zero chart in the z plane.
b.) Calculate the discrete transfer function H(z).
c.) Give a pseudo computer code for this filter.

3.19 Impedance with two OpAmps

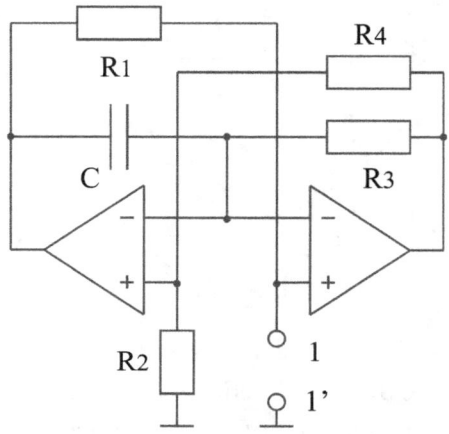

a.) Calculate the input impedance Z_I at the clamps 1 and 1'.
b.) What component part is the circuit representing at 1 and 1'?

3.20 Frequency emphasizing or rejection network

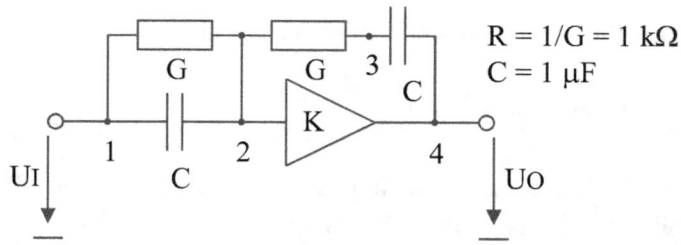

$R = 1/G = 1\ k\Omega$
$C = 1\ \mu F$

a.) Calculate the transfer function $G(s) = U_O(s)/U_I(s)$.
b.) Realize K=3 by an electrical circuit using an OpAmp.
c.) Draw the pole chart for $0 < K < 3$.

3.21 Discretization of a filter circuit

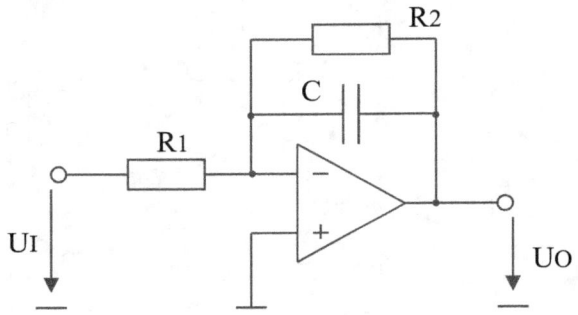

a.) Calculate the transfer function G(s) = UO(s)/UI(s).
b.) Use Tustin's method to calculate H(z).
c.) Set R1 = 10 kΩ; R2 = 100 kΩ; C = 1nF; T = 1 ms and give a calculation rule for UO. For t0 >0, the input is 1, before it was 0. Give UO for the next three time steps.

3.22 Filter with amplifier

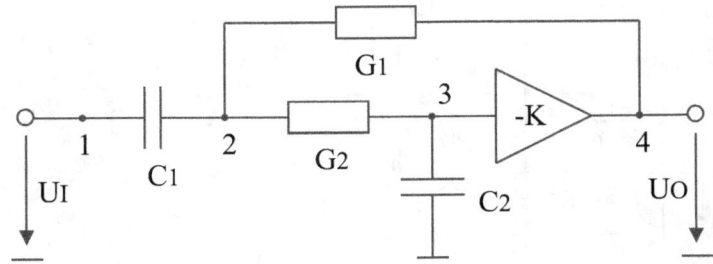

a.) Calculate the transfer function G(s) = UO(s)/UI(s).
b.) Give a realization of the gain –K using an OpAmp.

3.23 Transfer function of a circuit

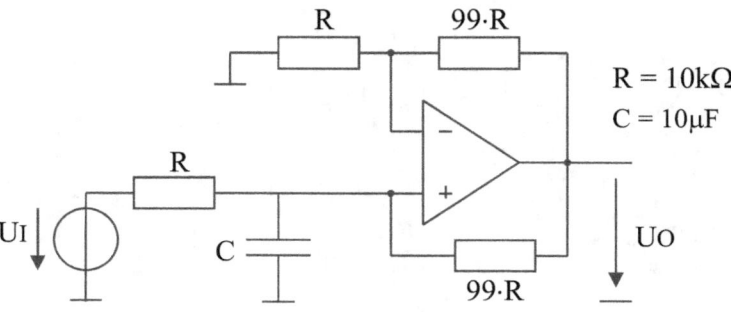

a.) Calculate the transfer function G(s) = $U_O(s)/U_I(s)$.
b.) What does the circuit?

3.24 High- pass filter circuit

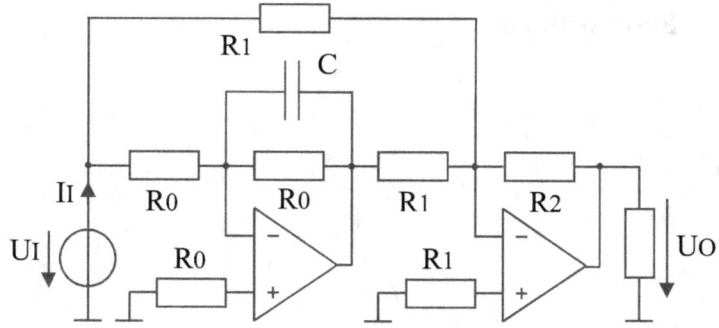

a.) Calculate the transfer function G(s) = U_O/U_I.
b.) Calculate the input impedance $Z_I = U_I/I_I$.

3.25 Circuit dimensioning

Given a system with two conjugated complex pairs of poles:
$P_{1,2} = [-50 \pm 500]\ s^{-1} \quad P_{3,4} = [-500 \pm 1'000]\ s^{-1}$

a.) Give the transfer function system as a product of 2nd order systems.
b.) Dimension a circuit, which realizes the system above. Use 100nF Capacitors. For the resistors no standard values are required.

4. Schmitt- Trigger Circuits

4.1 Schmitt- Trigger using NE 555

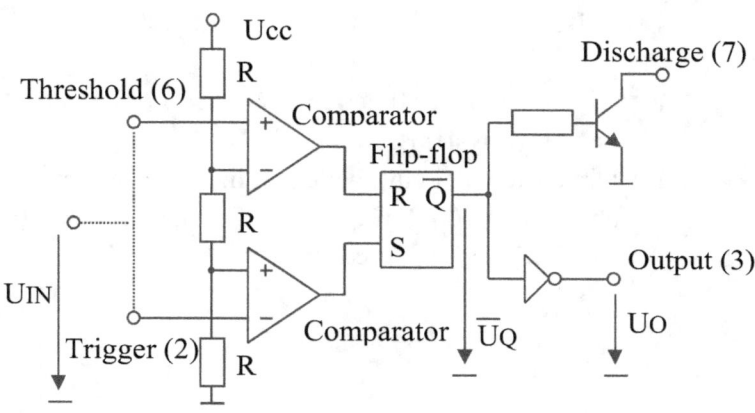

Flip-flop truth table

S	R	$\overline{Q}_{n+1}$
0	0	$\overline{Q}_n$
0	1	1
1	0	0
1	1	-

U_{IN} (input signal)

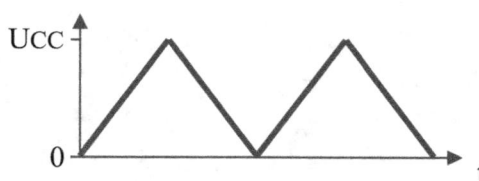

a.) Draw the course $U_O = f(t)$ for the given input signal U_{IN}.

b.) Draw the characteristics $\overline{U}_Q = f(U_{IN})$.

4.2 Asymmetric Schmitt-Trigger

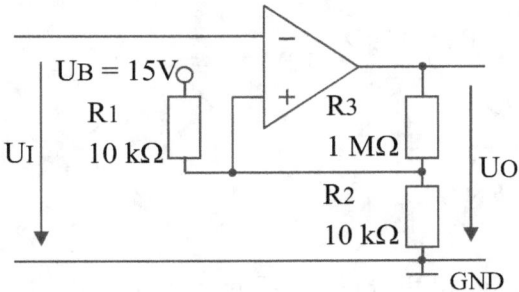

Given is an asymmetric Schmitt-Trigger with $U_{O+} = 15V$ and $U_{O-} = 0V$.

a.) Calculate the switching Voltages U_{S+} (switching from U_{O-} to U_{O+}) and U_{S-} (switching from U_{O+} to U_{O-}).

b.) How is the realization of $U_{O+} = 20V$ and $U_{O-} = 0V$?

4.3 Schmitt-Trigger with asymmetric power supply

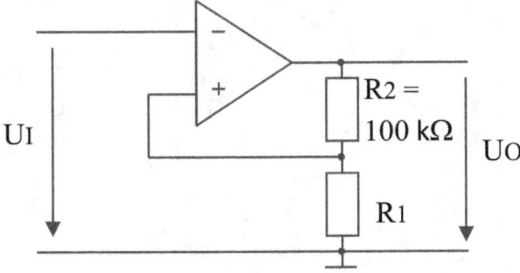

The comparator is fed asymmetric with +15V/-12V, so that the output voltages assume the values +15V respectively -12V. The hysteresis shall be 5V.

a.) Calculate R_1.

b.) Calculate the switching Voltages U_{S+} and U_{S-} and draw the characteristic curve of the Schmitt-Trigger.

4.4 Voltage curve of Schmitt-Trigger

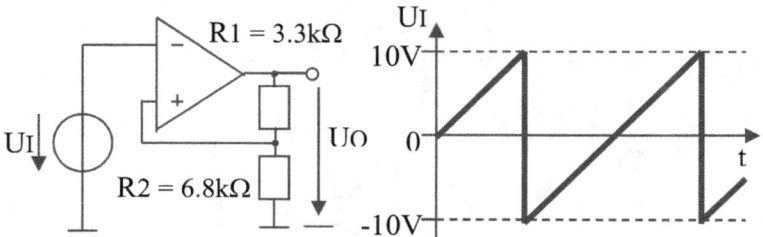

The output voltage of the Schmitt-Trigger is ± 10V.
a.) Draw the voltage curve UO(t).
b.) Draw UO(t), if the maximum values of UI are +4V and -10V.

4.5 Dimensioning of a Schmitt- Trigger

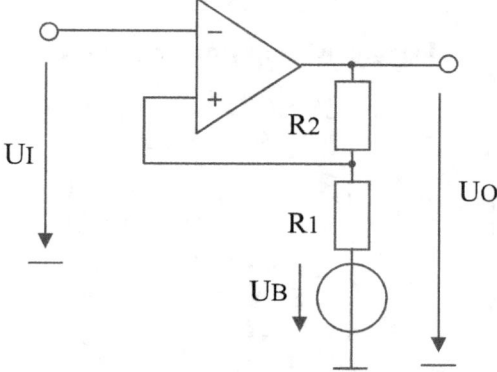

Given is a Schmitt-Trigger circuit with UO = ±UCC.
a.) Calculate UB, R1 and R2, with ±UCC = ±15V, for the following characteristics: US+ = 5V and US- = 10V.
b.) Due to a layout error, ±UCC = ±12V. Calculate US+ and US- with UB, R1 and R2 from a.).

4.6 Sawtooth generator circuit

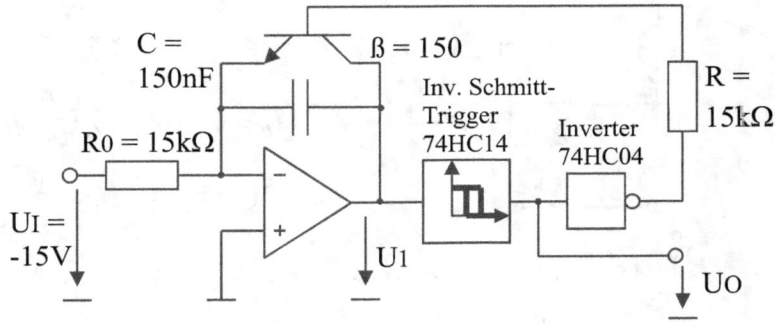

For digital blocks is: Low = 0V, High = 5V
Inverted Schmitt- Trigger: Us- = 2.9V, Us+ = 1.4V

Calculate the time period T and draw the courses U1(t) and UO(t).

1.1

a) [circuit diagram: current sources, 15V, -15V, op-amp with output u_o]

$I = T_1 \cdot 1\frac{\mu A}{K} - T_2 \cdot 1\frac{\mu A}{K}$

$= (T_1 - T_2) \cdot 1\frac{\mu A}{K}$

$\Rightarrow U_o = (T_2 - T_1) \cdot 1\frac{\mu A}{K} \cdot 10k\Omega$

$= (T_2 - T_1) \cdot 10\frac{mV}{K}$

b) additional current ΔI of $\pm \frac{15V}{5M\Omega} = \pm 3\mu A$

ΔU_o, additional voltage of $\pm 3\mu A \cdot 10k\Omega = \pm 30mV$

$\Rightarrow$ offset correction for T_1, T_2 of $\pm 3K$

1.2

[circuit diagram with I_2, R_1, r_d, u_z, R_3, R_2, op-amp, output u_o]

1) $(U_z + r_d \cdot I_2) \cdot \frac{R_2 + R_3}{R_3} = U_o$

2) $I_z = (U_o - U_o \cdot \frac{R_3}{R_2 + R_3}) \cdot \frac{1}{R_1}$

$= \frac{1}{R_1}\left(\frac{R_2 + R_3}{R_2 + R_3} - \frac{R_3}{R_2 + R_3}\right) \cdot U_o$

$= U_o \cdot \frac{R_2}{R_1(R_2 + R_3)}$

2.) in 1.)

$(U_z + \frac{r_d}{R_1} \cdot \frac{R_2}{R_2 + R_3} \cdot U_o) \cdot \frac{R_2 + R_3}{R_3} = U_o$

$U_z \cdot \frac{R_2 + R_3}{R_3} = U_o - U_o \cdot \frac{r_d}{R_1} \cdot \frac{R_2}{R_3} = U_o \left(1 - \frac{r_d \cdot R_2}{R_1 \cdot R_3}\right)$

$\Rightarrow U_o = \frac{R_2 + R_3}{R_3} \cdot \frac{U_z}{1 - \frac{r_d \cdot R_2}{R_1 \cdot R_3}} = \frac{R_2 + R_3}{R_3} \cdot \frac{U_z \cdot R_1 \cdot R_3}{R_1 R_3 - r_d R_2}$

$= 9.92V$

1.3

a)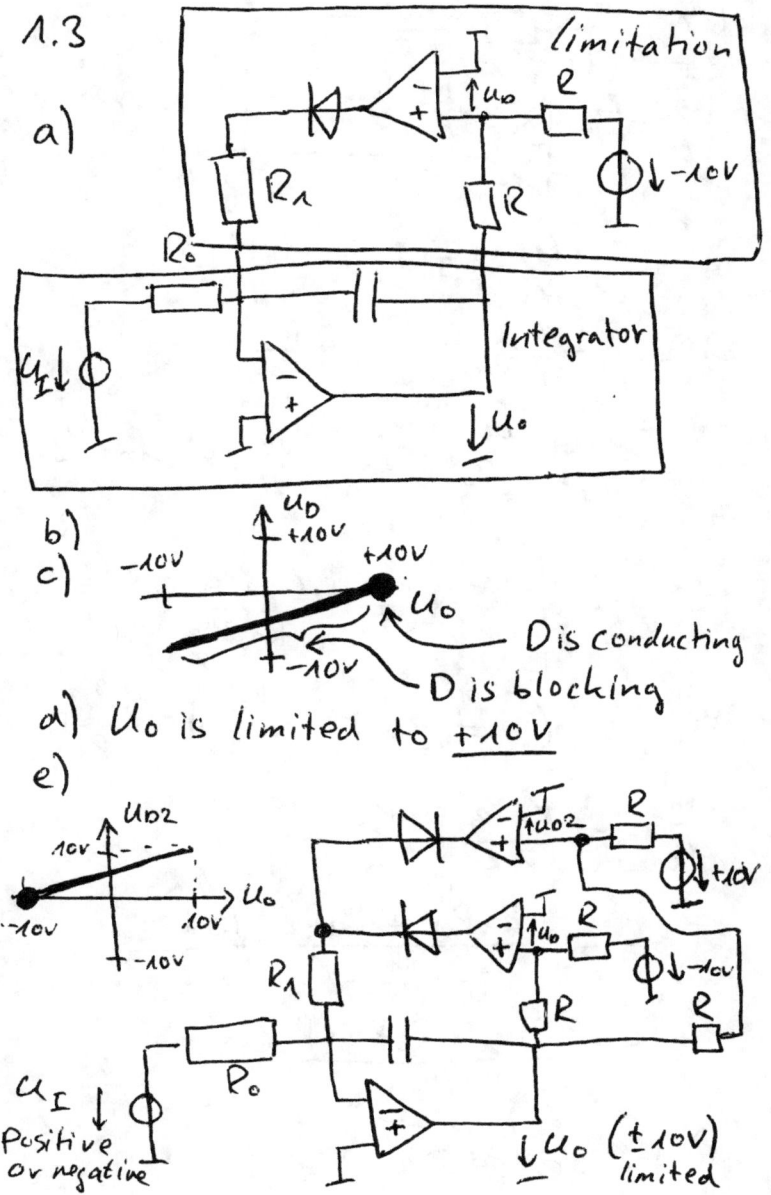

b)
c)

d) U_o is limited to $\pm 10V$

e)

1.4

1) $I_0 = \dfrac{u_I}{R_0}$ 3) $I_2 = \dfrac{u_0 - u_3}{R_2}$

2) $I_1 = -\dfrac{u_3}{R_1}$ 4) $I_3 = \dfrac{u_3}{R_3}$

$I_0 = I_1 \implies \dfrac{u_I}{R_0} = -\dfrac{u_3}{R_1} \implies u_3 = -u_I \cdot \dfrac{R_1}{R_0}$

$I_3 = I_1 + I_2$

$-\dfrac{u_I \cdot R_1}{R_0 \cdot R_3} = \dfrac{u_I}{R_0} + \dfrac{u_0}{R_2} + \dfrac{u_I \cdot R_1}{R_0 \cdot R_2}$

$\implies u_I \left(-\dfrac{R_1}{R_0 R_3} - \dfrac{1}{R_0} - \dfrac{R_1}{R_0 R_2} \right) = \dfrac{u_0}{R_2}$

$\dfrac{u_0}{u_I} = -\dfrac{R_1 R_2}{R_0 R_3} - \dfrac{R_2}{R_0} - \dfrac{R_1 R_2}{R_0 R_2}$

$= -\dfrac{R_1 R_2 + R_3 R_2 + R_1 R_2 R_3}{R_0 R_2 R_3}$

$= -\dfrac{R_1 R_2 + R_2 R_3 + R_1 R_3}{R_0 R_3} = \underline{-6{,}5}$

$= -\dfrac{R_1}{R_0}\left[1 + \dfrac{R_2}{R_3} + \dfrac{R_2}{R_1} \right]$

1.5

[Circuit diagram showing C_1, R_1, u_I, u^+ at op-amp non-inverting input, with feedback network Z_3 (containing R_3) and Z_2 (containing R_2 and C_2), output u_o]

a) $\dfrac{u^+}{u_I} = \dfrac{R_1}{R_1 + \frac{1}{j\omega C_1}} = \dfrac{j\omega R_1 C_1}{1 + j\omega R_1 C_1} = \dfrac{j\omega T_1}{1 + j\omega T_1}$

$\dfrac{u}{u^+} = \dfrac{Z_2 + Z_3}{Z_2} = \dfrac{R_2 + \frac{1}{j\omega C_2} + R_3}{R_2 + \frac{1}{j\omega C_2}}$

$= \dfrac{j\omega R_2 C_2 + j\omega R_3 C_2 + 1}{1 + j\omega R_2 C_2} = \dfrac{1 + j\omega T_2}{1 + j\omega T_3}$

$\Rightarrow \dfrac{u_o}{u_I} = \dfrac{u_o}{u^+} \cdot \dfrac{u^+}{u_I} = \dfrac{j\omega T_1}{1 + j\omega T_1} \cdot \dfrac{1 + j\omega T_2}{1 + j\omega T_3}$

b) $\left|\dfrac{u_o}{u_I}\right|_{\omega \to \infty} = \dfrac{T_2}{T_3} = \dfrac{R_2 + R_3}{R_2} = 221$ | $T_1 = R_1 C_1$, $T_2 = C_2(R_2 + R_3)$
$T_3 = R_2 C_2$

c) $\left|\dfrac{u_o}{u_I}\right|_{\omega = 0} = 0$ C_1: Decoupling DC

C_2: DC Offset-Voltage of
OpAmp: Gain 1
AC - Voltage: Gain 221

1.6

[Circuit diagram with Z_1, R_1, C, R_2, R_3, op-amps, input $\underline{u}_I$, $\underline{I}_I$, intermediate $\underline{u}_1$, output $\underline{u}_0$]

a) $\underline{u}_0 = -\dfrac{(\underline{u}_I + \underline{u}_1)\cdot R_3}{R_2}$; $\underline{u}_1 = -\underline{u}_I \cdot \dfrac{Z_1}{R_1}$

$Z_1 = \dfrac{1}{j\omega C + \frac{1}{R_1}} = \dfrac{R_1}{1+j\omega R_1 C} \Rightarrow \underline{u}_1 = \underline{u}_I \cdot \dfrac{1}{1+j\omega R_1 C}$

$\Rightarrow \dfrac{\underline{u}_0}{\underline{u}_I} = \left(-1 + \dfrac{1}{1+j\omega R_1 C}\right)\cdot \dfrac{R_3}{R_2}$

$= \dfrac{-1 - j\omega R_1 C + 1}{1+j\omega R_1 C} \cdot \dfrac{R_3}{R_2} = -\dfrac{j\omega R_1 C}{1+j\omega R_1 C}\cdot \dfrac{R_3}{R_2}$

b) $\underline{I}_I = \dfrac{\underline{u}_I}{R_1} + \dfrac{\underline{u}_I}{R_2}$

$Z_I = \dfrac{\underline{u}_I}{\underline{I}_I} = \dfrac{1}{\frac{1}{R_1}+\frac{1}{R_2}} = \dfrac{R_1\cdot R_2}{R_1+R_2} = R_1 \| R_2$

c)

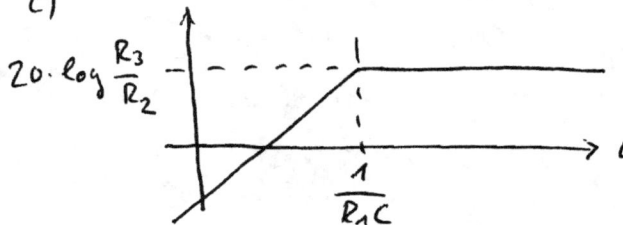

1.7

(Integrator — Schmitt Trigger circuit diagram)

Switching thresholds: $U_{S+} = 6V$; $U_{S-} = -2V$

$$U_{S+} \cdot \frac{R_2}{R_1+R_2} - 15V \cdot \frac{R_1}{R_1+R_2} = U_H$$

$$U_{S-} \cdot \frac{R_2}{R_1+R_2} + 15V \cdot \frac{R_1}{R_1+R_2} = U_H$$

$\Rightarrow 6V \cdot R_2 - 15V \cdot R_1 = -2V \cdot R_2 + 15V \cdot R_1$

$\Rightarrow 8V \cdot R_2 = 30V \cdot R_1 \Rightarrow R_2 = \frac{30}{8} \cdot R_1 = 3,75 \cdot R_1$

$\Rightarrow R_1 = 10 k\Omega$
$R_2 = 37,5 k\Omega$

$6V \cdot \frac{37,5}{47,5} - 15V \cdot \frac{10}{47,5} = U$

$= 1,58 V$

Dimensioning of R, C

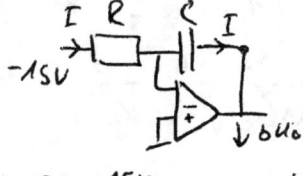

$I = \frac{-15V}{R} = -C \cdot \frac{\delta U_0}{\delta t}$

$\Rightarrow R = 15V \cdot \frac{\delta t}{\delta u} \cdot \frac{1}{C} = 37,5 k\Omega$

$\delta U_0 = 8V$
$\delta t = 2ms$

$C = 100 nF$
(choice)

1.8

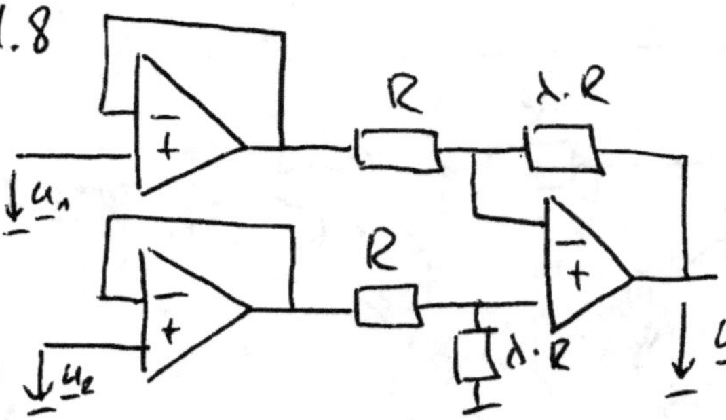

a) $C_1 = 0; C_2 = 0$

$\underline{U}_o = 0V$, because $\underline{U}_1 = \underline{U}_2 = \underline{U}_I$

$= k(\underline{U}_2 - \underline{U}_1)$
$\underbrace{\phantom{\underline{U}_2 - \underline{U}_1}}_{0}$

b)

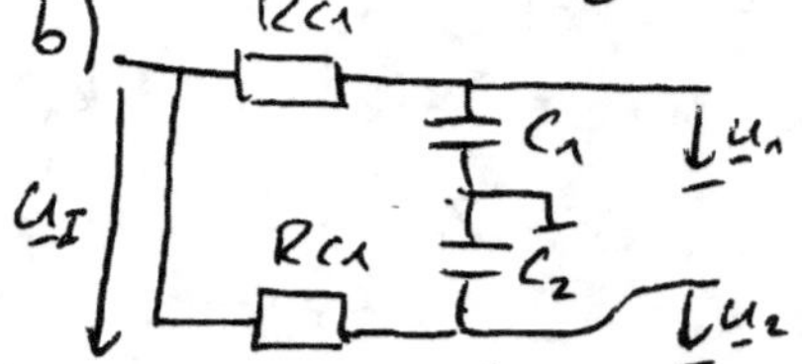

$\underline{U}_1 = \underline{U}_I \cdot \dfrac{1}{1+j\omega R_{c1} C_1} \; ; \; \underline{U}_2 = \underline{U}_I \cdot \dfrac{1}{1+j\omega R_{c2} C_2}$

$\underline{U}_o = k(\underline{U}_2 - \underline{U}_1) = k \cdot \underline{U}_I \left[\dfrac{1}{1+j\omega R_{c2} C_2} - \dfrac{1}{1+j\omega R_{c1} C_1} \right]$

$= k \cdot \underline{U}_I \cdot \dfrac{j\omega(C_1 R_{c1} - C_2 R_{c2})}{(1+j\omega C_1 R_{c1})(1+j\omega C_2 R_{c2})}$

c) $|\underline{U}_o| \approx \omega \cdot k |\underline{U}_I| \cdot |C_1 R_{c1} - C_2 R_{c2}|$

$\neq 0 \,!$

1.9

$R_1\ C_1$ (series) $\quad Z_1 = R_1 + \dfrac{1}{j\omega C_1} = \dfrac{1+j\omega R_1 C_1}{j\omega C_1}$

a)

$Z_1 = |Z_1| e^{j\varphi_1}$ $\quad |Z_1| = \sqrt{1+\omega^2 R_1^2 C_1^2}/\omega C_1$

Z_1, i_1, i_2, R_2 (circuit), I, $0V$, $i_1 + i_2 = 0$

$\varphi_1 = \arg \dfrac{Im(Z_1)}{Re(Z_1)} = \arg\left(-\dfrac{1}{\omega C_1}\cdot\dfrac{1}{R_1}\right)$

$\qquad = -\arg\left(\dfrac{1}{\omega R_1 C_1}\right)$

$i_1 = \dfrac{U_1}{Z_1}\ ;\ i_2 = \dfrac{U_2}{R_2} \Rightarrow \dfrac{U_1}{Z_1} + \dfrac{U_2}{R_2} = 0 \Rightarrow U_1 \cdot R_2 = -Z_1 U_2$

$U_1 \cdot R_2 = -|Z_1|\cdot e^{j\varphi_1}\cdot U_1 \cdot e^{-j 120°}$ (2nd case)

$= e^{j 180°}|Z_1|e^{j\varphi_1}\cdot U_1\cdot e^{-j 120°}$; φ_1 is $<0 \Rightarrow$ 2nd case

$\qquad \underbrace{\qquad}_{-60°}$ $\qquad \varphi_1 = -60°$

b)

$-60° = -\arg\dfrac{1}{\omega C_1 R_1} \Rightarrow \omega C_1 R_1 = \dfrac{1}{\sqrt{3}}$

$R_2 = |Z_1| = \dfrac{\sqrt{1+(\omega R_1 C_1)^2}}{\omega C_1} = \dfrac{\sqrt{1+\frac{1}{3}}}{\omega C_1} \Rightarrow C_1 = \dfrac{\sqrt{\frac{4}{3}}}{\omega R_2} = \dfrac{2}{\sqrt{3}\omega R_2}$

$R_1 = \dfrac{1}{\sqrt{3}\cdot\omega C_1} = \dfrac{1}{\sqrt{3}\cdot\frac{2}{\sqrt{3}\omega R_2}} = \dfrac{R_2}{2}$

c) Detection of rotating Direction of rotating field

1.10

a)
$U_- = U_0 \cdot \dfrac{R_1}{R_1(1+\alpha)} = U_0 \cdot \dfrac{1}{1+\alpha} \qquad U_- = U_+$

$I = \dfrac{U_I - U_-}{R_2} + \dfrac{U_0 - U_-}{\alpha \cdot R_2} = \dfrac{U_I}{R_2} - \dfrac{U_0}{(1+\alpha)R_2} + \dfrac{U_0}{\alpha R_2} - \dfrac{U_0}{(1+\alpha)\alpha R_2}$

$= \dfrac{U_I}{R_2} + \dfrac{U_0}{R_2}\left(-\dfrac{1}{1+\alpha} + \dfrac{1}{\alpha} - \dfrac{1}{\alpha(1+\alpha)}\right)$ → current source

$= \dfrac{U_I}{R_2} + \dfrac{U_0}{R_2}\left(\dfrac{-\alpha + 1+\alpha - 1}{\alpha(1+\alpha)}\right) = \dfrac{U_I}{R_2}$ c)

b)
$U_- = U_+ = I\cdot R = U_I \cdot \dfrac{R}{R_2} \qquad U_0 = (1+\alpha)\cdot U_-$

$\Rightarrow U_0 = \dfrac{1+\alpha}{R_2}\cdot R \cdot U_I$

1.11

I: $U_2 = 0$; $U_1 \neq 0$

a)

$$U_{OI} = \left(1 + \frac{R_2}{R_1}\right)\left(-\frac{R_4}{R_3}\right)\cdot U_1$$

II: $U_2 \neq 0$; $U_1 = 0$

$$U_{OII} = \left(1 + \frac{R_4}{R_3}\right)\cdot U_2$$

$$U_O = U_{OI} + U_{OII}$$
$$= \left(1 + \frac{R_4}{R_3}\right)\cdot U_2 - \left(1 + \frac{R_2}{R_1}\right)\frac{R_4}{R_3}\cdot U_1$$

b) $U_O = k(U_2 - U_1) \Rightarrow 1 + \frac{R_4}{R_3} = \left(1 + \frac{R_2}{R_1}\right)\cdot\frac{R_4}{R_3} = k$

$\Rightarrow \frac{R_3}{R_4} + 1 = 1 + \frac{R_2}{R_1} \iff \frac{R_2}{R_1} = \frac{R_3}{R_4}$

c) High input impedance

1.12

a) $2\cdot\frac{U_I}{R}\cdot R_1 + U_I + \frac{U_I}{R}\cdot R_2 = U_O$ (mesh equation)

$\Rightarrow \frac{U_O}{U_I} = \frac{2}{R}\cdot R_1 + 1 + \frac{1}{R}\cdot R_2 = 1 + \frac{2\cdot R_1 + R_2}{R}$

b) $U_2 = -\frac{U_O}{2}$; $-U_2 = \frac{U_I}{R}\cdot R_2$

$\Rightarrow \frac{U_I}{R}\cdot R_2 = \frac{U_O}{2} \Rightarrow R_2 = \frac{R}{2}\cdot\frac{U_O}{U_I} = \frac{R}{2} + R_1 + \frac{R_2}{2}$

$\Rightarrow \frac{R_2}{2} = \frac{R}{2} + R_1 \Rightarrow \underline{R_2 = R + 2R_1}$

1.13

[Circuit diagram: Op-amp with feedback resistor R, input resistor R, with R_0 and I_0 at output, $R+R_0$ at non-inverting input, U_I source, U_1 and U_0 marked]

? $I_0 = f(U_0, U_1)$; $U_1 = 2 \cdot U_- = 2 \cdot U_+$ ①

$$I_0 = \frac{U_1 - U_0}{R_0} + \frac{U_+ - U_0}{R} = \frac{U_1 - U_0}{R_0} + \frac{U_1/2 - U_0}{R} \quad ②$$

? $U_1 = f(U_0, U_I)$

$U_+ = \frac{U_1}{2} = U_I + (U_0 - U_I) \cdot \frac{R + R_0}{2R + R_0}$

$\Rightarrow U_1 = 2U_I + (U_0 - U_I) \cdot \frac{2R + 2R_0}{2R + R_0}$ ③

? $I_0 = f(U_I)$

② : $I_0 (R_0 \cdot R) = (U_1 - U_0) \cdot R + \left(\frac{U_1}{2} - U_0\right) \cdot R_0$

$\Rightarrow I_0 \cdot R_0 \cdot R + U_0(R + R_0) = U_1 \left(R + \frac{R_0}{2}\right)$

$\Rightarrow U_1 = \frac{I_0 \cdot R_0 \cdot R + U_0(R + R_0)}{R + \frac{R_0}{2}}$ ②'

③ = ②'

$2 \cdot U_I + (U_0 - U_I) \cdot \frac{2(R + R_0)}{2R + R_0} = \frac{I_0 \cdot R_0 \cdot R + U_0(R + R_0)}{R + R_0/2}$

$U_I \cdot \underbrace{\frac{2R + R_0}{R + R_0/2}}_{2} + (U_0 - U_I) \cdot \frac{R + R_0}{R + R_0/2} = \; \| $

$U_I (2R + R_0) + (\cancel{U_0} - U_I)(R + R_0) = I_0 \cdot R_0 \cdot R + \cancel{U_0 (R + R_0)}$

$\Rightarrow U_I (2R + R_0 - R - R_0) = I_0 \cdot R_0 \cdot R$

$\Rightarrow U_I (R) = I_0 \cdot R_0 \cdot R \Rightarrow \boxed{I_0 = \frac{U_I}{R_0}}$

1.14

a) $U_2 = U_1$
$U_1 - I_1 \cdot n \cdot R = U_0$
$U_1 - I_1 \cdot n \cdot R + I_2 \cdot n \cdot R - U_2 = 0$
$\Rightarrow I_2 = I_1$
$I_3 = -I_2 = -I_1$

$U_2 = I_3 \cdot R \Rightarrow \dfrac{U_1}{I_1} = -R$

non-inverting Integrator

b)

$Z = \dfrac{-\dfrac{R}{j\omega C}}{-R + \dfrac{1}{j\omega C}} = \dfrac{-R}{1 - j\omega RC}$

$\dfrac{U_1}{U_I} = \dfrac{Z}{Z+R} = \dfrac{\dfrac{R}{1-j\omega RC}}{\dfrac{-R}{1-j\omega RC} + R} = \dfrac{-R}{+j\omega R^2 C} = \dfrac{1}{j\omega RC}$

c) $\dfrac{U_0}{U_I} = \dfrac{U_1}{U_I} \cdot \dfrac{R + n \cdot R}{R} = \dfrac{U_1}{U_I}(n+1) = \dfrac{n+1}{j\omega RC} = \dfrac{1}{j\omega \overline{RC}}$ $T = \dfrac{RC}{n+1}$

1.15 a) $I_E \approx -\dfrac{U_Y}{R_E}$

b) $I_{C1} - I_{C2} = \dfrac{I_E}{2} \cdot \dfrac{2U_X}{2U_T} = I_E \cdot \dfrac{U_X}{2U_T}$

$U_0 = U_+ - (-I_{C2} + I) \cdot R$; $U_+ = (-I_{C1} + I) \cdot R$

$= (-I_{C1} + \cancel{I}) \cdot R - (-I_{C2} + \cancel{I}) \cdot R$

c) $= -(I_{C1} - I_{C2}) \cdot R$

$= -I_E \cdot \dfrac{U_X}{2U_T} = \dfrac{U_Y \cdot U_X}{2 \cdot U_T \cdot R_E} \cdot R$

$\Rightarrow U_0 = \dfrac{R}{2 \cdot U_T \cdot R_E}(U_Y - U_X)$

1.16

a) $U_+ = U_{CC} \cdot \dfrac{R_2}{R_1+R_2} = U_- = U_{R3}$

$I_0 = \dfrac{U_{R3}}{R_3} = U_{CC} \cdot \dfrac{R_2}{R_1+R_2} \cdot \dfrac{1}{R_3}$

$U_{DS} = U_{CC} - I_0 (R_{LOAD} + R_3)$ (Must be > 0)

b) Current Source

[Circuit diagram: Left circuit with U_{CC}, R_3, op-amp, R_2, R_1, R_{LOAD}. OR right circuit with R_1, R_{LOAD}, op-amp, R_2, R_3, $-10V$.]

1.17

[Circuit diagram: op-amp with U_{I1} input, R_2, R_1, current I, U_{O1}, U_{B1}.]

$I = \dfrac{U_{O1} - U_{B1}}{R_1+R_2}$, $U_{I1} = I \cdot R_1 + U_{B1}$

$\Rightarrow I = \dfrac{U_{I1} - U_{B1}}{R_1}$

$\Rightarrow \dfrac{U_{O1} - U_{B1}}{R_1+R_2} = \dfrac{U_{I1}-U_{B1}}{R_1}$

$(U_{O1}-U_{B1}) \cdot R_1 = (U_{I1}-U_{B1})(R_1+R_2)$

$U_{O1} \cdot R_1 = (U_{I1}-U_{B1}) \cdot (R_1+R_2) + U_{B1} \cdot R_1$

$\Rightarrow U_{O1} = U_{I1} \cdot \dfrac{(R_1+R_2)}{R_1} - U_{B1} \cdot \dfrac{R_2}{R_1}$

[Circuit diagram: R_1, U_{I2}, R_2, U_{B2}, op-amp, U_{O2}.]

Superposition

$U_{O2} = U_+$

$= U_{I2} \cdot \dfrac{R_2}{R_1+R_2} + U_{B2} \cdot \dfrac{R_1}{R_1+R_2}$

1.18

a) $I_z = I$

$$U = R_1(I_z + I) + R_2 \cdot I + R_3 \cdot I$$

$$I_z \cdot R_z + U_z = I \cdot R_z \quad \text{(negative feedback)}$$

$$\Rightarrow I_z = \frac{I \cdot R_z - U_z}{R_z}$$

$$\Rightarrow U = R_1\left(\frac{I \cdot R_z - U_z}{R_z} + I\right) + R_2 \cdot I + R_3 \cdot I$$

$$= I\left(R_1 + R_2 + R_3 + \frac{R_1 R_2}{R_z}\right) - U_z \cdot \frac{R_1}{R_z}$$

$$\Rightarrow I = \frac{U + U_z \cdot \frac{R_1}{R_z}}{R_1 + R_2 + R_3 + \frac{R_1 R_2}{R_z}} = \frac{U \cdot R_z + U_z \cdot R_1}{R_1 R_2 + R_z(R_1 + R_2 + R_3)}$$

b) $R_z = 0$

$$\Rightarrow I = \frac{U_z \cdot R_1}{R_1 \cdot R_2} = \frac{U_z}{R_2}$$

1.19

$u_- = u_+ = u_L,\quad u_+ = u_- = (u_0 - u)\cdot\dfrac{R_S}{R_1+R_S} + u$

a) $= u_0\cdot\dfrac{R_S}{R_1+R_S} + u\cdot\dfrac{R_1}{R_S+R_1}\quad (=u_L)$

$I = \dfrac{(u_0 - u_L)}{R_2} + \dfrac{(-u_L)}{R_3} =$

$= \dfrac{u_0}{R_2} - \dfrac{u_0\cdot R_S}{R_2(R_1+R_S)} - \dfrac{u\cdot R_1}{R_2(R_1+R_S)} - \dfrac{u_0\cdot R_S}{R_3(R_1+R_S)} - \dfrac{u\cdot R_1}{R_3(R_1+R_S)}$

b) $= u\left(\dfrac{-R_1}{R_2(R_1+R_S)} + \dfrac{-R_1}{R_3(R_1+R_S)}\right) + u_0\left(\dfrac{1}{R_2} - \dfrac{R_S}{R_2(R_1+R_S)} - \dfrac{R_S}{R_3(R_1+R_S)}\right)$

$= u\left(\dfrac{-R_1 R_3}{R_2 R_3(R_1+R_S)} + \dfrac{-R_1 R_2}{\cdots}\right) + u_0\underbrace{\left(\dfrac{R_3(R_1+R_S) - R_3 R_S - R_2 R_S}{\cdots}\right)}_{0}\quad \overset{R_1 R_3}{\nearrow}$

$= u\left(\dfrac{-R_1 R_3 - R_1 R_2}{R_1 R_2 R_3 + R_S R_2 R_3}\right) = u\cdot\left(\dfrac{-R_1(R_2+R_3)}{R_1 R_2 R_3 + R_1 R_3^2}\right)$

$\;\;R_1 R_3$

$= -u\left(\dfrac{R_1(R_2+R_3)}{R_1 R_3(R_2+R_S)}\right) = \underline{-\dfrac{u}{R_3}}$

1.20
a)

$\underline{i} = (\underline{u}_I - \underline{u}^-) \cdot \frac{1}{R}$

$\underline{u}_o = \underline{u}^- - \underline{i} \cdot R$

$\Rightarrow \underline{u}_o = \underline{u}^- - (\underline{u}_I - \underline{u}^-) = 2\underline{u}^- - \underline{u}_I$

$\underline{u}^- (= \underline{u}^+) = \underline{u}_I \cdot \frac{\frac{1}{j\omega C}}{R + \frac{1}{j\omega C}} = \underline{u}_I \cdot \frac{1}{1 + j\omega RC}$

$\underline{u}_o = \frac{2 \cdot \underline{u}_I}{1 + j\omega RC} - \underline{u}_I = \frac{2 \underline{u}_I - \underline{u}_I - \underline{u}_I \cdot j\omega RC}{1 + j\omega RC} = \underline{u}_I \frac{1 - j\omega RC}{1 + j\omega RC}$

b) $\left| \frac{\underline{u}_o}{\underline{u}_I} \right| = \frac{\sqrt{1 + \omega^2 R^2 C^2}}{\sqrt{1 + \omega^2 R^2 C^2}} = 1$; $\frac{\underline{u}_o}{\underline{u}_I} = e^{j \underbrace{(\varphi_2 - \varphi_1)}_{\varphi}}$

$\varphi = -2 \arctan(\omega RC)$

c) Phase shifting

1.21

a) $U_D = U_I - U_L \cdot \frac{R_0}{R_0 + R_1}$

$\Rightarrow U_I = U_L \cdot \frac{R_0}{R_0 + R_1}$

$\Rightarrow U_L = U_I \cdot \frac{R_0 + R_1}{R_0}$

b) $U_D = U_I - U_L \cdot \frac{R_0}{R_0 + R_1}$; $U_L = A \cdot U_D - U_{BE}$

$\Rightarrow U_D = \frac{U_L + U_{BE}}{A}$

$\frac{U_L + U_{BE}}{A} = U_I - U_L \cdot \frac{R_0}{R_0 + R_1} \Rightarrow U_L \left(\frac{1}{A} + \frac{R_0}{R_0 + R_1} \right) = U_I - \frac{U_{BE}}{A}$

$\Rightarrow U_L = \frac{U_I - \frac{U_{BE}}{A}}{\frac{1}{A} + \frac{R_0}{R_0 + R_1}} = \frac{A \cdot U_I - U_{BE}}{A \cdot \frac{R_0}{R_0 + R_1} + 1}$

1.22

a) $u_o = -u_1 - u_2 = -(u_1 + u_2)$

$u_1 = u_I \cdot \dfrac{R_2 + \frac{1}{sC_2}}{R_2} = u_I \cdot \left(1 + \dfrac{1}{\underbrace{sR_2C_2}_{T_2}}\right)$

$u_2 = \left(1 + \dfrac{R_4}{R_3}\right) \cdot \dfrac{R_1}{R_1 + \frac{1}{sC_1}} \cdot u_I = u_I \cdot \left(1 + \dfrac{R_4}{R_3}\right) \dfrac{sR_1C_1}{1 + sR_1C_1}$

$\dfrac{u_o}{u_I} = -\left(1 + \dfrac{1}{sT_2} + \dfrac{sT_3}{1 + sT_1}\right) = \dfrac{sT_2(1 + sT_1) + 1 + sT_1 + s^2 T_2 T_3}{sT_2(1 + sT_1)}$

b) Poles: $P_0 = 0$; $P_1 = -\dfrac{1}{sT_1} = -715\,s^{-1}$

Zeros: $s^2 + \dfrac{T_1 + T_2}{(T_1 + T_3) \cdot T_2} \cdot s + \dfrac{1}{(T_1 + T_3) \cdot T_2} = 0$

$s^2 + 256(s^{-1})\, s + 156(s^{-1}) = 0$

$n_{1,2} = -125\,s^{-1}$

c) $\omega \to \infty$: $\dfrac{u_A}{u_E} = \dfrac{T_1 + T_3}{T_1}$; $\omega \to 0 \Rightarrow \dfrac{u_A}{u_E} = \dfrac{1}{sT_2}$

← Integrator
← Constant gain
→ ω

1.23

a)

$$B(s) = \frac{U^+(s)}{U_0(s)}$$

$$\Omega = \omega RC$$

$$B(s) = \frac{s\,RC}{1 + s\cdot 3RC + s^2 R^2 C^2} \;\Rightarrow\; B(j\omega) = \frac{j\omega RC}{1 + j\cdot\omega\cdot 3RC - \omega^2 R^2 C^2}$$

$$B(\Omega) = \frac{j\Omega}{1 - \Omega^2 + 3\cdot j\cdot\Omega}$$

Oscillator: $\Omega_0 = 1 \Rightarrow \omega_0\cdot RC = 1 \Rightarrow \omega_0 = \frac{1}{RC}$

$$\left.\frac{U^+}{U_0}\right|_{\omega_0} = B(j\omega_0) = \frac{1}{3} \qquad \frac{U_-}{U_0} = \frac{R_1}{R_1 + R_2} = \frac{1}{3} \;\text{(same gain)}$$

$$\Rightarrow R_1 + R_2 = 3R_1 \Rightarrow \underline{R_2 = 2R_1}$$

b) Slope:

$$\varphi = \arg\left(\frac{\Omega}{0}\right) - \arg\left(\frac{3\Omega}{1-\Omega^2}\right)$$

$\Omega_1 = 0.99 \rightarrow \varphi_1 = 0.38°$
$\Omega_2 = 1.01 \rightarrow \varphi_2 = -0.38°$
$\Rightarrow \dfrac{\Delta\varphi}{\Delta f}\cdot f_0 = -38°$

$$\Omega = \omega\cdot RC = \frac{\omega}{\omega_0} = \frac{f}{f_0} \Rightarrow \Delta\Omega = \frac{\Delta f}{f_0}$$

raising frequency:
→ lower phase slope
→ non-ideal properties of Amplifiers have a larger influence to the frequency

1.24

a)

[Circuit diagram with op-amps, resistors R, R_1, R_2, $K \cdot R$, capacitors C_1, C_2, input U_I, output U_o]

$T_D = R_2 C_2$
$T_i = R_1 C_1$

b) $\dfrac{U_o}{U_I} = K\left(1 + \dfrac{T}{(1-z^{-1})T_i} + \dfrac{(1-z^{-1}) \cdot T_D}{T}\right)$

$\Rightarrow U_I \cdot K\left((1-z^{-1})T_i + T + (1-z^{-1})(1-z^{-1}) \cdot \dfrac{T_D}{T} \cdot T_i\right) = U_o (1-z^{-1}) \cdot T_i$

$\Rightarrow U_I \left(K \cdot T_i + K \cdot \dfrac{T_D}{T} \cdot T_i + K\cdot T + z^{-1}\left(-K \cdot T_i - K \cdot 2\dfrac{T_D}{T} \cdot T_i\right)\right.$
$\left. + z^{-2}\left(K \cdot \dfrac{T_D}{T} \cdot T_i\right)\right) = U_o (1 - z^{-1}) \cdot T_i$

$\Rightarrow \dfrac{U_o}{U_I} = \dfrac{11{,}01 + z^{-1} \cdot (-21{,}0) + z^{-2} \cdot 10{,}0}{1{,}0 - 1{,}0 \, z^{-1}}$

c) $U_o = \underbrace{U_o \, z^{-1}}_{\text{last}} + 11{,}01 \cdot U_I + \underbrace{U_I \cdot z^{-1} \cdot (-21)}_{\text{last}} + \underbrace{U_I \, z^{-2} \cdot 10}_{\text{next to last}}$

$t = 0{,}1 \Rightarrow U_o = 0 + 11{,}01 + 0 + 0 = 11{,}01$
$t = 0{,}2 \Rightarrow U_o = 11{,}01 + 11{,}01 + (-21) + 0 = 1{,}02$
$t = 0{,}3 \Rightarrow U_o = 1{,}02 + 11{,}01 - 21{,}0 + 10 = 1{,}03$

[Plot showing step response with Differential Part (tall spike) and Integral Part, x-axis t marked at 0,1 0,2 0,3]

1.25

[circuit diagram with U_G, R, L, R_0, R_1, op-amps, C_1, outputs U_I, U_1, U_0]

a) $\underline{U}_R = R \cdot \underline{I}_e = R \cdot \dfrac{\underline{U}_G - \underline{U}_I}{2R + j\omega L}$

$\underline{U}_1 = -R_0 \underline{I}_M = -R_0 \cdot \dfrac{\underline{U}_R}{\frac{1}{\frac{1}{R_1} + j\omega C_1}} = -R_0 \cdot \underline{U}_R \left(j\omega C_1 + \frac{1}{R_1}\right)$

$\underline{U}_0 = -\underline{U}_G - \underline{U}_1 = -\underline{U}_G + \underline{U}_R \cdot R_0 \left(j\omega C_1 + \frac{1}{R_1}\right)$

$\quad = -\underline{U}_G + (\underline{U}_G - \underline{U}_I) \cdot \dfrac{R \cdot R_0 \left(j\omega C_1 + \frac{1}{R_1}\right)}{2R + j\omega L}$

b) $\underline{U}_0 = K \cdot \underline{U}_I$

$\Rightarrow -\underline{U}_G + \underline{U}_G \cdot \dfrac{R \cdot R_0 \left(j\omega C_1 + \frac{1}{R_1}\right)}{2R + j\omega L} = 0$

$\Rightarrow \dfrac{R \cdot R_0 \left(j\omega C_1 + \frac{1}{R_1}\right)}{2R + j\omega L} = 1 \Rightarrow R \cdot R_0 \left(j\omega C_1 + \frac{1}{R_1}\right) = 2R + j\omega L$

Comparison of coefficients

$R \cdot \dfrac{R_0}{R_1} = 2R \Rightarrow \dfrac{R_0}{R_1} = 2 \Rightarrow R_0 = 2 \cdot R_1 \Rightarrow R_1 = \dfrac{R_0}{2}$

$R \cdot R_0 \cdot C = L \Rightarrow C = \dfrac{L}{R_0 R}$

$\underline{U}_0 = -\dfrac{R \cdot R_0 \left(j\omega C_1 + \frac{1}{R_1}\right)}{2R + j\omega L} \cdot \underline{U}_I$

$\quad = -\dfrac{R \cdot R_0 \left(j\omega \frac{L}{R_0 R} + \frac{2}{R_0}\right)}{2R + j\omega L} \cdot \underline{U}_I = -\dfrac{j\omega L + 2R}{2R + j\omega L} \cdot \underline{U}_I$

$\quad = -1 \cdot \underline{U}_I$

2.1

[Bode plot: gain vs ω/s^{-1} with markings 10^0 to 10^5 (0dB to 100dB) on y-axis and $2\pi\cdot 10^1$ to $2\pi\cdot 10^7$ on x-axis. Curves labeled: RC ($-20\,dB/Dec$... actually RC rolls off), OpAmp ($-20\,dB/Dec$), OpAmp + RC ($-40\,dB/Dec$), and $-40\,dB/Dec$.]

$$\omega_{RC} = 2\pi\cdot 10^2\,s^{-1} \qquad T_{RC} = \frac{1}{2\pi\cdot 10^2}\,s$$

2.2

$$u_1 = \frac{R_1}{R_1+R_2}\cdot u_2 + u_D = \frac{R_1}{R_1+R_2}\cdot u_2 + \frac{u_2}{A}$$

$$= u_2\left(\frac{R_1}{R_1+R_2} + \frac{1}{A}\right)$$

$$\Rightarrow \frac{u_2}{u_1} = \frac{1}{\frac{R_1}{R_1+R_2} + \frac{1}{A}} = \frac{A}{\frac{R_1\cdot A}{R_1+R_2}+1}$$

$$G_{ideal} = \frac{R_1+R_2}{R_1}$$

$$\Rightarrow \frac{u_2}{u_1} = \frac{1}{\frac{1}{G_{ideal}}+\frac{1}{A}} = \frac{G_{ideal}}{1+\frac{G_{ideal}}{A}}$$

$$\text{or} \quad \frac{A}{1+\frac{A}{G_{ideal}}}$$

2.3

$U_+ = U_1 = 0V$
$U_+ = U_- = 0V \Rightarrow U_R = U_- = 0V \Rightarrow I_R = 0A$
$I_C = I_R + I_B = I_B \; ; \; I_B = I_C = C \cdot \dfrac{dU_C}{dt} = C \cdot \dfrac{dU_2}{dt}$
$\Rightarrow U_2 = \dfrac{1}{C} \cdot \int I_B \, dt \Rightarrow U_2 = \dfrac{I_B}{C} \cdot t + \underbrace{const}_{0}$
$\Rightarrow U_2 = 100 \, \frac{V}{s} \cdot t$

Compensation

$U_+ = -I_B \cdot R$
$U_- = U_+ = -I_B \cdot R$
$U_R = U_- = I_R \cdot R = -I_B \cdot R$
$\Rightarrow I_R = -I_B$
$\Rightarrow I_C = -I_B + I_B = 0$

2.4

$\delta I_2 = \dfrac{\delta U_2}{R_1 + R_2} + \dfrac{\delta U_2 - A \cdot U_d}{R} \; ; \; U_d = -\delta U_2 \cdot \dfrac{R_1}{R_1 + R_2}$

$\delta I_2 = \dfrac{\delta U_2}{R_1 + R_2} + \dfrac{\delta U_2 + \delta U_2 \cdot A \cdot \frac{R_1}{R_1+R_2}}{R}$

$= \dfrac{\delta U_2}{R_1 + R_2} + \dfrac{\delta U_2 (R_1 + R_2) + \delta U_2 \cdot A \cdot R_1}{R(R_1 + R_2)}$

$= \delta U_2 \left(\dfrac{1}{R_1 + R_2} + \dfrac{R_1(1+A) + R_2}{R(R_1 + R_2)} \right)$

$\Rightarrow r_{out} = \dfrac{\delta U_2}{\delta I_2} = \dfrac{1}{\dfrac{1}{R_1+R_2} + \dfrac{R_1(1+A)+R_2}{R(R_1+R_2)}}$

$= \dfrac{1}{\frac{1}{3k} + \frac{1k \cdot 10^5 + 2k}{20 \cdot 3k} \Omega} = \underline{0{,}6 \, m\Omega} \; (\text{very small})$

2.5
a) $u_O(t) = \hat{u}_I \left(-\frac{R_1}{R_0}\right) \cdot \sin(\omega t)$

b)

$\frac{U_o}{U_I} = \frac{A_o}{1+sT}$, $T = \frac{1}{2\pi \cdot 5kHz}$

$= \frac{A_o}{1+j\omega T}$

$\left|\frac{A_o}{1+j\cdot 2\pi \cdot 10MHz \cdot T}\right| = 1 = \left|\frac{A_o}{1+j\cdot \frac{10MHz}{5kHz}}\right|$

$\Rightarrow 1 = \frac{A_o}{\sqrt{1^2 + 2000^2}} \approx \frac{A_o}{2000} \Rightarrow A_o \approx 2000$

Low frequencies, Ratio $\frac{R_1}{R_0}$ very high: $\frac{\hat{U}_o}{\hat{U}_I} = A_o$

$\Rightarrow \hat{u}_I = \frac{\hat{u}_o}{2000} = \frac{10V}{2000} = \underline{5mV}$

2.6

a),b)

a) I $u_I > 7.5V \to U_o = 15V$
   II $u_I < -7.5V \to U_o = -15V$
   III $-7.5V < u_I < 7.5V$
   $\Rightarrow$
   $U_o = -\frac{R_1}{R_0} \cdot u_I$
   $= -2 \cdot u_I$

b) $\overline{III}$: $u_D = 0V$
$u_- = u_I + (u_o - u_I) \cdot \frac{R_0}{R_0 + R_1}$; $u_D = -u_-$

I: $u_- = u_I + (u_{Max} - u_I) \cdot \frac{R_0}{R_0 + R_1}$ $\Rightarrow u_D(u_I = 10V)$
$= -1.667V$

II: $u_- = u_I (u_{Max} - u_I) \cdot \frac{R_0}{R_0 + R_1}$ $\Rightarrow u_D(u_I = -10V)$
$= +1.667V$

c) III: linear Range

I, II: Saturation, oversteering

2.7

Theory: Same behavior of frequency response, as with inverted OpAmp circuit.

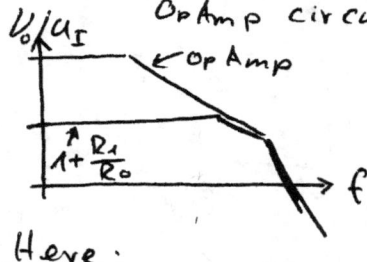

Here:

a) $|u_0/u_E|$

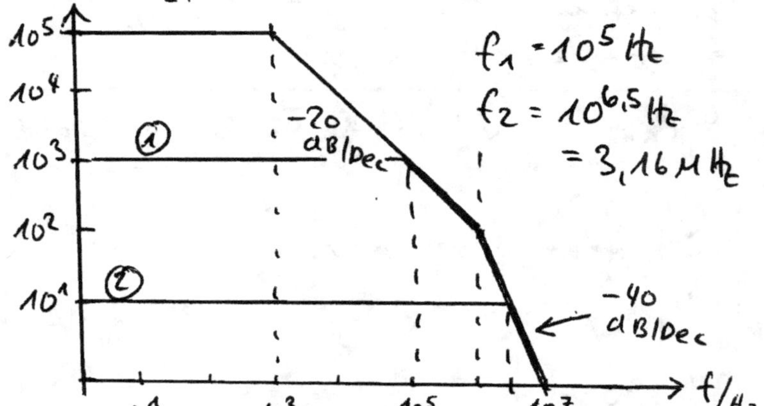

$f_1 = 10^5$ Hz
$f_2 = 10^{6.5}$ Hz
$\quad = 3.16$ MHz

b)

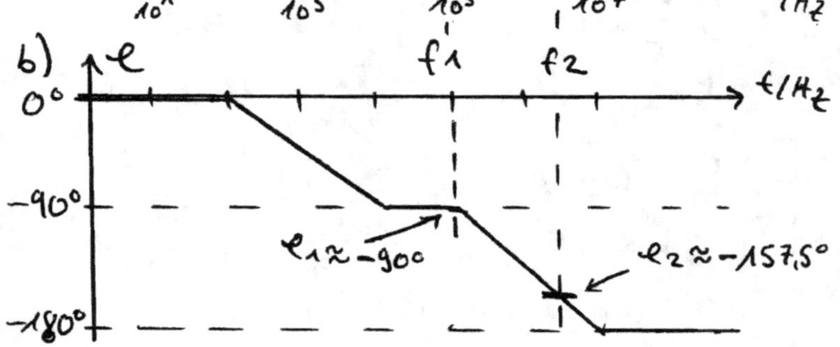

$\varphi_1 \approx -90°$
$\varphi_2 \approx -157.5°$

2.8
a)

$R = 10\,k\Omega$
$C = 100\,nF$
$A = 10^5$ (Op Amp)

① $\underline{U}_o = A \cdot \underline{U}_D$

② $\underline{I}_R = \underline{I}_C$; $\underline{I}_R = -\dfrac{\underline{U}_I + \underline{U}_D}{R}$; $\underline{I}_C = \dfrac{\underline{U}_o + \underline{U}_D}{1/j\omega C}$

$\Rightarrow (\underline{U}_o + \underline{U}_D) j\omega C = -\dfrac{\underline{U}_I + \underline{U}_D}{R}$

$\Rightarrow \left(\underline{U}_o + \dfrac{\underline{U}_o}{A}\right) \cdot j\omega C = -\dfrac{\underline{U}_I + \dfrac{\underline{U}_o}{A}}{R}$

$\Rightarrow \underline{U}_o \left(1 + \dfrac{1}{A}\right) \cdot j\omega C \cdot R = -\underline{U}_I - \dfrac{\underline{U}_o}{A}$

$\Rightarrow \underline{U}_o \left[\left(1 + \dfrac{1}{A}\right) \cdot j\omega RC + \dfrac{1}{A}\right] = -\underline{U}_I$

$\Rightarrow \dfrac{\underline{U}_o}{\underline{U}_I} = -\dfrac{1}{\left(1+\dfrac{1}{A}\right) j\omega RC + \dfrac{1}{A}} \stackrel{A \ll 10^5}{=} \dfrac{A \ll 10^5}{1 + \underbrace{j\omega RC(1+A)}_{10s}}$

b)

→ Integrator ($\omega > 0.1\,s^{-1}$)

−20 dB/Dec

2.9 ① $U_- = U_I - I_1 \cdot R_1$

② $ = U_0 + I_2 \cdot R_2$

③ $U_+ = U_- = -U_{os}$

④ $I_2 = I_1 - I_{B-}$

① and ③: $I_1 = \dfrac{U_I - U_-}{R_1} = \dfrac{U_I + U_{os}}{R_1}$

④ in ②: $-U_{os} = U_0 + \dfrac{U_I + U_{os}}{R_1} \cdot R_2 - I_{B-} \cdot R_2$

$\Rightarrow U_0 = -U_I \cdot \dfrac{R_2}{R_1} + U_{os}\left(-1 - \dfrac{R_2}{R_1}\right) + I_{B-} \cdot R_2$

2.10

$U_0 = \underbrace{\dfrac{A_0}{1 + sT}}_{A} \cdot U_D$

$U_R = (U_0 - U_I) \cdot \dfrac{R}{R + \frac{1}{sC}}$; $U_D = \dfrac{U_0}{A}$

$U_I + (U_0 - U_I) \cdot \dfrac{R}{R + \frac{1}{sC}} + \dfrac{U_0}{A} = 0$

$U_I \left(1 - \dfrac{R}{R + \frac{1}{sC}}\right) = -U_0 \left(\dfrac{R}{R + \frac{1}{sC}} + \dfrac{1 + sT}{A_0}\right)$

$\underbrace{\dfrac{1/sC}{R + 1/sC}}$

$\dfrac{U_0}{U_I} = -\dfrac{\frac{1/sC}{R + 1/sC}}{\frac{R}{R + 1/sC} + \frac{1 + sT}{A_0}}$

$\dfrac{U_0}{U_I} = \dfrac{-\frac{1}{sC} \cdot A_0}{R \cdot A_0 + (R + \frac{1}{sC})(1 + sT)} \quad R + \frac{1}{sC} + sRT + \dfrac{T}{C}$

$= -\dfrac{A_0}{sRC A_0 + sRC + 1 + s^2 RCT + sT} = \dfrac{-A_0/RCT}{s^2 + s \cdot \dfrac{RC + RCA_0 + T}{RCT} + \dfrac{1}{RCT}}$

2.11
a)

[circuit diagram]

① $U_{O1} = A_{O1} \cdot U_{D1}$

② $U_{O2} = A_{O2} \cdot U_{D2}$

③ $U_{D1} = -U_{O2} + 0 \cdot I_{B1}^- - U_{offset1} - 0 \cdot I_{B1}^+$

④ $U_{D2} = R_1 \cdot I_{B2}^- + U_{O1} \cdot k - U_{offset2} - R \cdot I_{B2}^+$

$U_{C1} = const$
$\Rightarrow I_{C1} = 0$

b)

[circuit diagram]

auxiliary variable: $u = -U_{D1}$

$i + i_I + i_{R1} + i_C = 0$

$\Rightarrow i - u s C_I - \dfrac{u}{R_1} + (U_{O2} - u) \cdot s C = 0$

① $\Rightarrow U_{D1}\left(sC_I + \dfrac{1}{R_1} + sC\right) + sC \cdot U_{O2} + i = 0$

$\Rightarrow U_{D1} = -U_{O2} \cdot \dfrac{sC}{s(C_I + C) + \dfrac{1}{R_1}} + \dfrac{-i}{s(C_I + C) + \dfrac{1}{R_1}}$

② $U_{D2} = U_{O1} \cdot k - u = U_{O1} \cdot k + U_{D1}$

③ $U_{O1} = U_{D1} \cdot A_1(s)$ ④ $U_{O2} = U_{D2} \cdot A_2(s)$

2.12

a)

(circuit diagram with components R_1, R_2, R_k, C_k, R_y, R_x, u_I, u_{D1}, u_{01}, u_{02}, A_{01}, A_{02}, $U_{offset2}$)

$$k = \frac{R_x + R_y}{R_x}$$

b)

$$u_{D1} = -u_I \cdot \frac{R_2}{R_1 + R_2} - u_{02} \cdot \frac{R_1}{R_1 + R_2} = \frac{u_{01}}{A_{01}}$$

$$u_{D1} = \frac{k}{A_{01}}\left(\frac{u_{02}}{A_{02}} + u_{offset2}\right)$$

$$\Rightarrow -\frac{u_I \cdot R_2}{R_1 + R_2} - u_{02} \cdot \frac{R_1}{R_1 + R_2} = \frac{k}{A_{01}}\left(\frac{u_{02}}{A_{02}} + u_{offset2}\right)$$

$$\Rightarrow u_{02}\left[\frac{k}{A_{01} \cdot A_{02}} + \frac{R_1}{R_1 + R_2}\right] = -\frac{k}{A_{02}} \cdot u_{offset2} - \frac{u_I \cdot R_2}{R_1 + R_2}$$

$$\Rightarrow u_{02} = \frac{-u_I \cdot \frac{R_2}{R_1 + R_2} - \frac{k}{A_{02}} \cdot u_{offset2}}{\frac{R_1}{R_1 + R_2} + \frac{k}{A_{01} \cdot A_{02}}}$$

c)

$$\frac{u_{02}}{A_{02}} = u_{D2} = \frac{u_{01} \cdot R_x}{R_x + R_y} - u_{offset2}$$

Only error sizes of OpAmp 2

d)

$$G(s) = -\frac{R_2}{R_1} \cdot \frac{1}{s^2 + \omega_0^2} \qquad P_{1,2} = \pm j \cdot \omega_0$$

$$= \pm j \cdot 1{,}4 \cdot 10^5 \qquad = \pm j\sqrt{\frac{\omega_{\tau_1} \omega_{\tau_2} \cdot R_1}{k \cdot (R_1 + R_2)}}$$

2.13

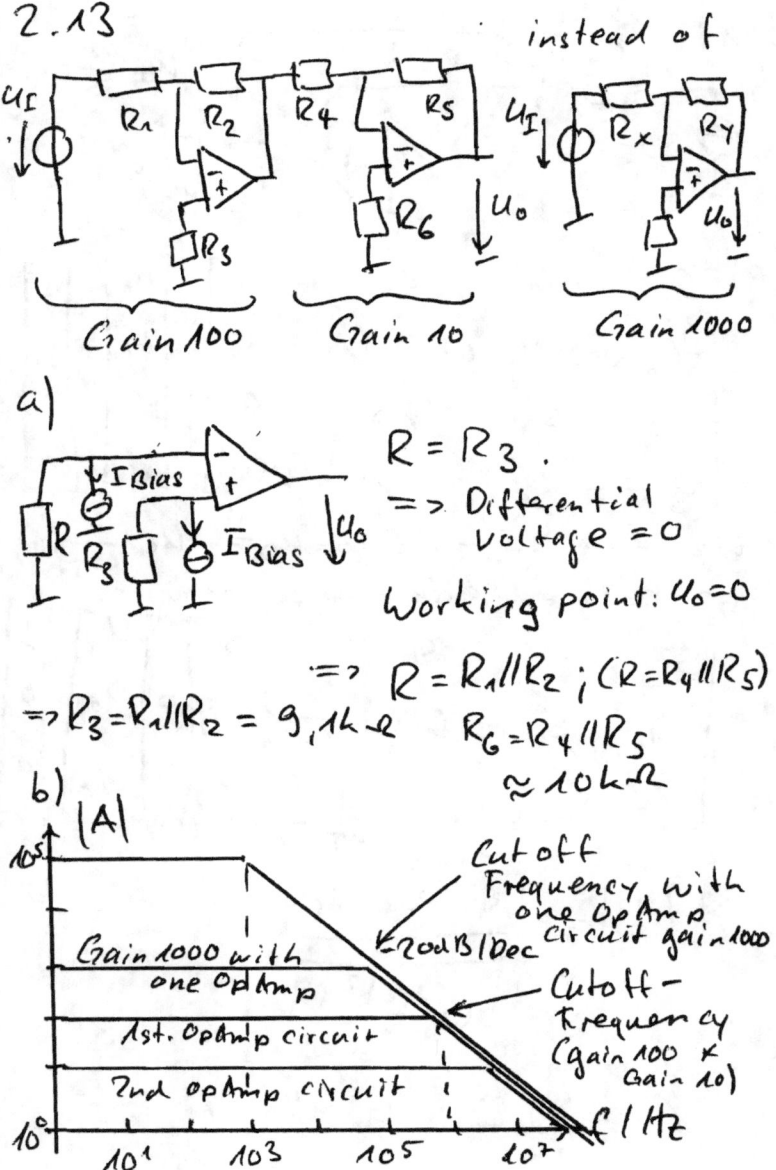

Gain 100   Gain 10   instead of Gain 1000

a)

$R = R_3$.
$\Rightarrow$ Differential Voltage $= 0$

Working point: $U_0 = 0$

$\Rightarrow R = R_1 \| R_2 \; ; \; (R = R_4 \| R_5)$

$\Rightarrow R_3 = R_1 \| R_2 = 9{,}1 k\Omega$

$R_6 = R_4 \| R_5 \approx 10 k\Omega$

b)

Cut off Frequency with one OpAmp circuit gain 1000

$-20 dB/Dec$

Cutoff-Frequency (gain 100 × Gain 10)

Gain 1000 with one OpAmp
1st. OpAmp circuit
2nd OpAmp circuit

f / Hz

2.14

$u_0 = u_D \cdot \dfrac{\omega_T}{s}$

a)
$$\begin{bmatrix} G_1 & -G_1 & 0 & 0 \\ -G_1 & G_1+s(C_1+C_2) & -sC_1 & -sC_2 \\ 0 & -sC_1 & G_2+sC_1 & -G_2 \\ 0 & -sC_2 & -G_2 & G_1+sC_2 \end{bmatrix} \cdot \begin{bmatrix} u_1 \\ u_2 \\ u_3 \\ u_4 \end{bmatrix} = \begin{bmatrix} I \\ 0 \\ 0 \\ 0 \end{bmatrix}$$

$u_4 = -u_3 \cdot \dfrac{\omega_T}{s} \Rightarrow u_3 = -u_D = -u_4 \cdot \dfrac{s}{\omega_T}$

$\Rightarrow$ reduced admittance matrix

$$\begin{bmatrix} G_1 & -G_1 & 0 \\ -G_1 & G_1+s(C_1+C_2) & \frac{s}{\omega_T}sC_1-sC_2 \\ 0 & -sC_1 & -\frac{s}{\omega_T}(G_2+sC_1)-G_2 \end{bmatrix} \begin{bmatrix} u_1 \\ u_2 \\ u_4 \end{bmatrix} = \begin{bmatrix} I \\ 0 \\ 0 \end{bmatrix}$$

b) $|G_i| = \dfrac{T_B \cdot \omega_{oi} \cdot q_c}{\sqrt{\left(\dfrac{\omega_{oi}}{x_i}\right)^2 + 1}}$

$G_0 = 49{,}87 \;;\; G_1 = 48{,}24$

2.15
a)

$$U_I = U_{D1}\left(1 + \frac{A}{2}\right) \Rightarrow U_{D1} = \frac{U_I}{1 + A/2}$$

$$A \cdot \lambda \cdot U_{D1} = U_{D2}\left(1 + \frac{A}{2}\right)$$

$$\Rightarrow U_{D2} = U_{D1} \cdot \frac{A \cdot \lambda}{1 + A/2} = \frac{U_I \cdot A \cdot \lambda}{(1 + A/2)^2}$$

$$I_I = j\omega C \left(U_{D1}(1 + A/2) - A \cdot U_{D2}\right)$$
$$= j\omega C \left[\frac{U_I}{1 + A/2}(1 + A/2) - A \cdot \frac{U_I \cdot A \cdot \lambda}{(1 + A/2)^2}\right]$$
$$= j\omega C \cdot U_I \left[1 - \frac{A^2 \lambda}{(1 + A/2)^2}\right]$$

$$Y_I = \frac{I_I}{U_I} = j\omega C \left[1 - \frac{A^2 \lambda}{(1 + A/2)^2}\right] \quad \left\{\begin{array}{l}(1 + A/2)^2 \\ = 1 + A + \frac{A^2}{4}\end{array}\right.$$

b)
$$\lim_{A \to \infty} Y_I = j\omega C \left[1 - \frac{A^2 \lambda}{A^2/4}\right]$$

$$= j\omega C \left[1 - 4\lambda\right] \Rightarrow \lambda_{MAX} = 1/4$$

2.16

$$\begin{bmatrix} G_2 & -G_2 & 0 \\ -G_2 & G_2+G_1+sC_1 & -G_1-sC_1 \\ 0 & -G_1-sC_1 & G_1+sC_1 \end{bmatrix} \begin{bmatrix} U_1 \\ U_2 \\ U_3 \end{bmatrix} = \begin{bmatrix} I \\ 0 \\ 0 \end{bmatrix} \quad \text{Op Amp} \quad U_2 = -\frac{U_3}{A}$$

$$\Rightarrow G_2 \cdot U_1 + \frac{G_2}{A} \cdot U_3 + 0 \cdot U_3 = I$$

$$-G_2 \cdot U_1 + \left[-\frac{G_2}{A} - \frac{G_1}{A} - \frac{sC_1}{A}\right] U_3 + \left[-G_1 - sC_1\right] U_3 = 0$$

$$\begin{bmatrix} G_2 & G_2/A \\ -G_2 & -\frac{G_2}{A} - \frac{G_1}{A} - \frac{sC_1}{A} - G_1 - sC_1 \end{bmatrix} \begin{bmatrix} U_1 \\ U_3 \end{bmatrix} = \begin{bmatrix} I \\ 0 \end{bmatrix}$$

$$G(s) = \frac{(-1)^{1+2} \cdot \det[Y]_{1,2}}{(-1)^{1+1} \cdot \det[Y]_{1,1}} = \frac{G_2}{-\frac{G_2}{A} - \frac{G_1}{A} - \frac{sC_1}{A} - G_1 - sC_1}$$

$$= -\frac{G_2}{\frac{G_2+G_1+sC_1}{A_0}\left(1+\frac{s}{\omega_c}\right) + G_1 + sC_1} = \frac{-G_2}{G_1+sC_1 + \frac{G_2+G_1}{A_0} + \frac{s(G_1+G_2)}{A_0 \omega_c} + \frac{sC_1}{A_0} + \frac{s^2 C_1}{A_0 \omega_c}}$$

$$= -\frac{G_2}{G_1 + \frac{G_2+G_1}{A_0} + \frac{s(G_1+G_2)}{A_0\omega_c} + \frac{sC_1}{A_0} + sC_1 + \frac{s^2 C_1}{A_0 \omega_q}}$$

2.17

a)

$$u_C = (u_0 - u_I) \cdot \frac{1/sC}{1/sC + R} \; ; \; u_D = \frac{u_0}{A}$$

$$u_I + (u_0 - u_I) \cdot \frac{1/sC}{1/sC + R} + \frac{u_0}{A} = 0$$

$$u_I \underbrace{\left(1 - \frac{1/sC}{1/sC + R}\right)}_{\frac{R}{1/sC + R}} = -u_0 \left(\frac{1/sC}{1/sC + R} + \frac{1+s\tau}{A_0}\right)$$

$$\frac{u_0}{u_I} = -\frac{\frac{R}{1/sC + R}}{\frac{1/sC}{1/sC + R} + \frac{1+s\tau}{A_0}} = -\frac{R \cdot A_0}{\frac{1}{sC} \cdot A_0 + \left(\frac{1}{sC} + R\right)(1 + s\tau)}$$

$$= -\frac{sRCA_0}{\frac{1}{sC} + R + \frac{\tau}{C} + sR\tau}$$

$$= -\frac{sRCA_0}{A_0 + 1 + sRC + s\tau + s^2 RC\tau} = -\frac{sRCA_0}{A_0 + 1 + s(RC + \tau) + s^2 RC\tau}$$

$$= -\frac{s \cdot \frac{A_0}{\tau}}{s^2 + s \cdot \frac{RC + \tau}{RC\tau} + \frac{A_0 + 1}{RC\tau}} = -\frac{s \cdot \frac{\omega_0}{q_Z}}{s^2 + \frac{\omega_0}{q_P} + \omega_0^2}$$

b)

[Diagram: amplitude response with $\sim 100\,dB$ peak, $+20\,dB/Dec$ rising slope, $-20\,dB/Dec$ falling slope, centered at ω_0]

$$\omega_0 = \sqrt{\frac{A_0 + 1}{RC\tau}} = 10\,000\,s^{-1}$$

$$q_P = \omega_0 \cdot \frac{RC\tau}{RC + \tau} = 90$$

$$q_Z = \omega_0 \cdot \frac{\tau}{A_0} = 0.001$$

$$q_P / q_Z = 9 \cdot 10^4 \approx 100\,dB$$

2.18

I.
$u_- = u_1 - R \cdot I_1$; $u_0 = u_- - I_2 \cdot R$; $I_B^- + I_2 = I_1$

II.
$u_+ = u_2 - R \cdot I_3 - u_{OS} = R \cdot I_4 - u_{OS}$; $I_B^+ + I_4 = I_3$

$\overline{I}a$: $u_- = u_1 - (I_B^- + I_2) \cdot R$; $I_2 = \dfrac{u_- - u_0}{R}$

$\Rightarrow u_- = u_1 - \left(I_B^- + \dfrac{u_- - u_0}{R}\right) \cdot R = u_1 - u_- + u_0 - I_B^- R$

$2 \cdot u_- = u_1 + u_0 - I_B^- \cdot R$

$\overline{II}a$: $u_+ = u_2 - (I_B^+ + I_4)R - u_{OS}$; $I_4 = \dfrac{u_+ + u_{OS}}{R}$

$\Rightarrow u_+ = u_2 - \left(I_B^+ + \dfrac{u_+ + u_{OS}}{R}\right) \cdot R - u_{OS} = u_2 - u_+ - 2u_{OS} - I_B^+ R$

$2 \cdot u_+ = u_2 - 2 \cdot u_{OS} - I_B^+ \cdot R$

$u_+ = u_-$ ($\overline{II}a = \overline{I}a$)

$\Rightarrow u_1 + u_0 - I_B^- \cdot R = u_2 - 2 \cdot u_{OS} - I_B^+ \cdot R$

$\Rightarrow \underline{u_0 = u_2 - u_1 - 2 \cdot u_{OS} - I_B^+ \cdot R + I_B^- \cdot R}$

2.19

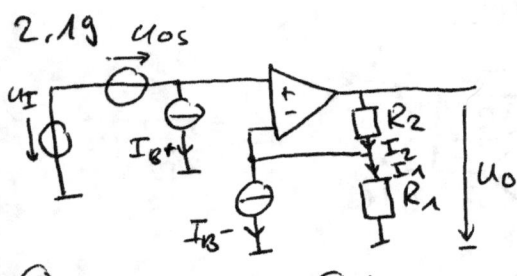

① $U_+ = U_I - U_{OS}$; ② $U_O = I_1 \cdot R_1 + I_2 \cdot R_2$ ③ $U_- = I_1 \cdot R_1$
④ $I_2 = I_B^- + I_1$; ⑤ $U_- = U_+$

⑤③①: $U_I - U_{OS} = I_1 \cdot R_1 \Rightarrow I_1 = \dfrac{U_I - U_{OS}}{R_1}$

with ④②: $U_O = \dfrac{U_I - U_{OS}}{R_1} \cdot R_1 + I_B^- \cdot R_2 + \dfrac{U_I - U_{OS}}{R_1} \cdot R_2$

$\Rightarrow U_O = U_I \left(1 + \dfrac{R_2}{R_1}\right) + U_{OS}\left(-1 - \dfrac{R_2}{R_1}\right) + I_B^- \cdot R_2$

2.20

a)

$U_O = \hat{U}_O \cdot \sin(\omega t)$

$\dfrac{dU_O}{dt} = \omega \cdot \hat{U}_O \cdot \sin(\omega t)$

$\left.\dfrac{dU_O}{dt}\right|_{max} = \omega \cdot \hat{U}_O$

$\omega_{Limit} \cdot \hat{U}_O \leq$ Slew Rate $\Rightarrow f_{limit} \leq \dfrac{\text{Slew Rate}}{2\pi \cdot \hat{U}_O}$

$= 318\,kHz$

b)

$\hat{U}_O = \dfrac{dU_O}{dt} \cdot \dfrac{T}{4}$

$\Rightarrow T = \dfrac{\hat{U}_O \cdot 4}{\frac{dU_O}{dt}} \Rightarrow f = \dfrac{\frac{dU_O}{dt}}{\hat{U}_O \cdot 4}$

c) ideal Slew Rate as limitation

$f_{limit} = \dfrac{\text{Slew Rate}}{\hat{U}_O \cdot 4} = 500\,kHz$

ideal: Slew Rate $\cdot \dfrac{T}{4} = \hat{U}_O$

now $\hat{U}_O = \text{Slew Rate} \dfrac{T}{15.4} = 3.33\,V$

3.1
a)

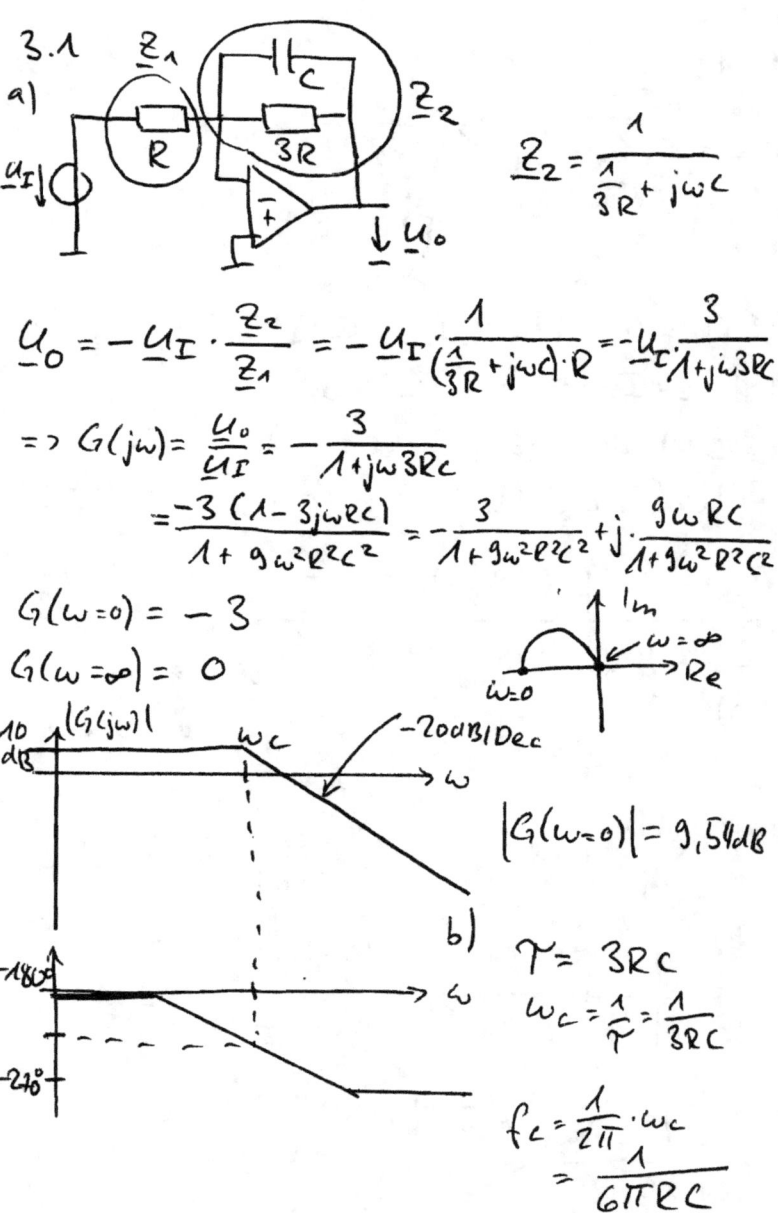

$$\underline{Z}_2 = \cfrac{1}{\cfrac{1}{3R} + j\omega C}$$

$$\underline{U}_O = -\underline{U}_I \cdot \frac{\underline{Z}_2}{\underline{Z}_1} = -\underline{U}_I \frac{1}{(\frac{1}{3R} + j\omega C) \cdot R} = -\underline{U}_I \frac{3}{1 + j\omega 3RC}$$

$$\Rightarrow G(j\omega) = \frac{\underline{U}_O}{\underline{U}_I} = -\frac{3}{1 + j\omega 3RC}$$

$$= \frac{-3(1 - 3j\omega RC)}{1 + 9\omega^2 R^2 C^2} = -\frac{3}{1 + 9\omega^2 R^2 C^2} + j \frac{9\omega RC}{1 + 9\omega^2 R^2 C^2}$$

$G(\omega = 0) = -3$

$G(\omega = \infty) = 0$

$|G(\omega = 0)| = 9{,}54 \, dB$

b)

$\tau = 3RC$

$\omega_c = \frac{1}{\tau} = \frac{1}{3RC}$

$f_c = \frac{1}{2\pi} \cdot \omega_c = \frac{1}{6\pi RC}$

3.2
a)

Circuit: Current source I at node 1, resistor R between nodes 1-2, capacitor $2C$ from node 2 to ground (top), resistor R between nodes 2-3, capacitor C from node 3 to ground, op-amp with node 3 at + input, output node 4, feedback from node 4 to node 2.

a)
$$\begin{bmatrix} G & -G & 0 & 0 \\ -G & 2G+s2C & -G & -s2C \\ 0 & -G & G+sC & 0 \\ 0 & -s2C & 0 & s2C \end{bmatrix} \cdot \begin{bmatrix} u_1 \\ u_2 \\ u_3 \\ u_4 \end{bmatrix} = \begin{bmatrix} I \\ 0 \\ 0 \\ 0 \end{bmatrix}$$

Op Amp: $u_3 = u_4$

$$\Rightarrow \begin{bmatrix} G & -G & 0 \\ -G & 2G+s2C & -G-s2C \\ 0 & -G & G+sC \end{bmatrix} \cdot \begin{bmatrix} u_1 \\ u_2 \\ u_4 \end{bmatrix} = \begin{bmatrix} I \\ 0 \\ 0 \end{bmatrix}$$

$$\frac{u_4}{u_1} = \frac{\begin{vmatrix} -G & 2G+s2C \\ 0 & -G \end{vmatrix}}{\begin{vmatrix} 2G+s2C & -G-s2C \\ -G & G+sC \end{vmatrix}} \qquad \text{Low-pass filter}$$

$$= \frac{G^2}{2G^2 + s2GC + s2GC + s^2 2C^2 - G^2 - s2GC}$$

$$= \frac{G^2}{G^2 + s2GC + s^2 2C^2} = \frac{1}{1 + s \cdot 2RC + s^2 2R^2C^2}$$

b)

$$= \frac{\frac{1}{2R^2C^2}}{\frac{1}{2R^2C^2} + s \cdot \frac{1}{RC} + s^2} \qquad \Rightarrow \omega_0^2 = \frac{1}{2R^2C^2}$$

$$\omega_0 = \frac{1}{\sqrt{2}} \cdot \frac{1}{RC}$$

3.3

[Circuit diagram: Current source I feeding node 1 with current I_1, through conductance G_0 to node 2, through G to node 3 (with current I_3), through another element to node 4. Capacitor $4C$ to ground at node 2 with current I_2. Current I_4 through G, current I_5 labeled. Op-amp with node 4 output, feedback to node 1.]

1) $-I + I_1 = 0 \implies -I + (U_1 - U_2) \cdot G_0 = 0$
$\implies U_1 \cdot G_0 - U_2 \cdot G_0 = I$

2) $-I_1 + I_2 + I_3 + I_4 = 0$
$-(U_1 - U_2) \cdot G_0 + U_2 \cdot sC4 + (U_2 - U_3) \cdot G + (U_2 - U_4) \cdot G = 0$

3) $-I_3 + I_5 = 0 \implies -(U_2 - U_3) G + (U_3 - U_4) \cdot sC = 0$
$\implies U_2(-G) + U_3(G + sC) + U_4 \cdot (-sC) = 0$

4) Output current Op Amp is unknown

$$\begin{bmatrix} G_0 & -G_0 & 0 & 0 \\ -G_0 & G_0+2G+s4C & -G & -G \\ 0 & -G & G+sC & -sC \\ -- & -- & \text{unknown} & -- \end{bmatrix} \cdot \begin{bmatrix} U_1 \\ U_2 \\ U_3 \\ U_4 \end{bmatrix} = \begin{bmatrix} I \\ 0 \\ 0 \\ 0 \end{bmatrix}$$

$U_3 = 0$

$$\begin{bmatrix} G_0 & -G_0 & 0 \\ -G_0 & G_0+2G+s4C & -G \\ 0 & -G & -sC \end{bmatrix} \cdot \begin{bmatrix} U_1 \\ U_2 \\ U_4 \end{bmatrix} = \begin{bmatrix} I \\ 0 \\ 0 \end{bmatrix}$$

b) $w_0 = \frac{G}{2C}$

$\frac{w_0}{q} = \frac{G_0 + 2G}{4C} = \frac{G}{2C} \cdot \frac{1}{q}$

$\implies q = \frac{2G}{G_0 + 2G}$

$\frac{U_4}{U_1} = \frac{\begin{vmatrix} -G_0 & G_0+2G+s4C \\ 0 & -G \end{vmatrix}}{\begin{vmatrix} G_0+2G+s4C & -G \\ -G & -sC \end{vmatrix}} = \frac{G_0 \cdot G}{-sCG_0 - sC2G - s^2 4C^2 - G^2}$

$= -\frac{G_0 \cdot G}{4C^2} \cdot \frac{1}{s^2 + s \cdot \underbrace{\frac{G_0+2G}{4C}}_{\frac{w_0}{q}} + \underbrace{\frac{G^2}{4C^2}}_{w_0^2}}$

c) $|G(j\omega)|_{\omega \to 0} = -\frac{G_0 \cdot G}{G^2} = -\frac{G_0}{G} = -2$

$\implies \underline{G_0 = 2G}$

3.4

a)

$$\begin{bmatrix} G_0 & -G_0 & 0 & 0 \\ -G_0 & G_0+G_1+sC & -G_1-sC & 0 \\ 0 & -G_1-sC & G_1+G_2+sC & -G_2 \\ -- \text{unknown} & \text{output current} -- \end{bmatrix} \Rightarrow \begin{bmatrix} G_0 & -G_0 & 0 \\ -G_0 & G_0+G_1+sC & 0 \\ 0 & -G_1-sC & -G_2 \end{bmatrix}$$

$u_3 = 0$

$$G(s) = \frac{G_0 G_1 + G_0 \cdot sC}{-G_2 G_0 - G_2 G_1 - G_2 sC}$$

$$= -\frac{G_0 G_1 \left(1 + \frac{G_0}{G_0 G_1} \cdot sC\right)}{(G_2 G_0 + G_2 G_1)\left(1 + \frac{G_2}{G_2 G_0 + G_2 G_1} \cdot sC\right)}$$

$$= -\frac{\frac{1}{R_0 R_1}}{\frac{1}{R_2 R_0} + \frac{1}{R_2 R_1}} \cdot \frac{1 + s R_1 C}{1 + s \cdot \frac{\frac{1}{R_2}}{\frac{1}{R_2 R_0} + \frac{1}{R_2 R_1}} \cdot C}$$

$$= -\frac{R_2}{R_0 + R_1} \cdot \frac{1 + s R_1 C}{1 + s \cdot \frac{R_0 R_1}{R_0 + R_1} \cdot C}$$

$G(s \to 0) = -\frac{R_2}{R_0 + R_1}$

$G(s \to \infty) = -\frac{R_2}{R_0 + R_1} \cdot \frac{R_1}{\frac{R_0 R_1}{R_0 + R_1}}$
$\quad\quad\quad = -\frac{R_2}{R_0}$

b)

(Bode magnitude plot: level $\frac{R_2}{R_0+R_1}$ rising to $\frac{R_2}{R_0}$, corners at $\frac{1}{R_1 C}$ and $\frac{1}{(R_0 \| R_1)C}$; phase plot with bump, $-\pi$)

3.5
a)

[Circuit diagram: input u_{I1} through R, current i_{I1} into op-amp inverting input; feedback branch with R_1, capacitor C (with u_C), and R_1; output u_{O1}]

$i_{I1} = \dfrac{u_{I1}}{R}$;

$i_C = u_C \cdot sC$
$= -i_{I1} \cdot R_1 \cdot sC$
$= u_{I1} \cdot \dfrac{R_1}{R} \cdot sC$

$u_{O1} = -i_{I1} \cdot R_1 - (i_{I1} - i_C) \cdot R_1$

$= -\dfrac{u_{I1}}{R} \cdot R_1 - \left(u_{I1} \cdot \dfrac{R_1}{R} + u_{I1} \cdot \dfrac{R_1^2}{R} \cdot sC\right)$

$\Rightarrow \dfrac{u_{O1}}{u_{I1}} = -2 \cdot \dfrac{R_1}{R} - \dfrac{R_1^2}{R} \cdot sC = -\dfrac{R_1}{R}(2 + s \cdot R_1 \cdot C)$

[Circuit diagram: input u_{I2} through R, current i_{I2} into op-amp inverting input; feedback with inductor L and resistor R_2; output u_{O2}]

$u_{O2} = -\underbrace{\dfrac{u_{I2}}{R}}_{i_{I2}} \cdot (R_2 + sL) \Rightarrow$

$\dfrac{u_{O2}}{u_{I2}} = -\dfrac{R_2}{R}\left(1 + s \cdot \dfrac{L}{R_2}\right)$

b) Coefficients:

Real part: $\dfrac{R_2}{R} = 2 \cdot \dfrac{R_1}{R} \Rightarrow R_2 = 2R_1$

(or $R_1 = \dfrac{R_2}{2}$)

Imaginary part:

$\dfrac{R_1}{R} \cdot R_1 \cdot C = \dfrac{R_2}{R} \cdot \dfrac{L}{R_2} \Rightarrow R_1^2 \cdot C = L$

(or $L = \dfrac{R_2^2}{4} \cdot C$)

3.6
a)

1) $-I + (U_1 - U_2)\cdot sC = 0 \implies U_1 \cdot sC - U_2 \cdot sC = I$

2) $-(U_1-U_2)\cdot sC + (U_2-U_3)\cdot sC + (U_2-U_4)\cdot G = 0$
   $U_1(-sC) + U_2(sC+sC+G) + U_3(-sC) + U_4(-G) = 0$

3) $-(U_2-U_3)\cdot sC + U_3 \cdot G = 0 \implies U_2(-sC) + U_3(sC+G) = 0$

4) Unknown output current of Op Amp

OpAmp: $U_4 = k \cdot U_3$

$$\begin{bmatrix} sC & -sC & 0 \\ -sC & 2sC+G-sC-kG & 0 \\ 0 & -sC & sC+G \end{bmatrix} \begin{bmatrix} U_1 \\ U_2 \\ U_3 \end{bmatrix} = \begin{bmatrix} I \\ 0 \\ 0 \end{bmatrix}$$

$$\frac{U_4}{U_1} = \frac{k \cdot U_3}{U_1} = \frac{k \cdot \begin{vmatrix} -sC & 2sC+G \\ 0 & -sC \end{vmatrix}}{\begin{vmatrix} 2sC+G & -sC-kG \\ -sC & sC+G \end{vmatrix}}$$

$$= \frac{k \cdot s^2 C^2}{2s^2C^2 + 2sCG + sCG + G^2 - s^2C^2 - skGC}$$

$$= \frac{k \cdot s^2 C^2}{s^2C^2 + sCG(3-k) + G^2} = \frac{k \cdot s^2}{s^2 + s\cdot\frac{3-k}{RC} + \frac{1}{R^2C^2}}$$

b)

$\boxed{\omega_0 = \frac{1}{RC}}$ $\frac{\omega_0}{q} = \frac{3-k}{RC} = \frac{1}{q\cdot RC}$ $\boxed{q = \frac{1}{3-k}}$ $\frac{\omega_0}{q}$ ω_0^2

3.7

$\boxed{U_2 = U_3}$

$$\begin{bmatrix} G_1+G_3+G_4 & -G_3 & -G_1 & -G_4 \\ -G_3 & G_3+sC_1+sC_2 & 0 & -sC_2 & 0 \\ -G_1 & 0 & G_1+G_2 & 0 \\ \text{-- output current unknown --} \end{bmatrix} \begin{bmatrix} U_1 \\ U_2 \\ U_3 \\ U_4 \end{bmatrix} = \begin{bmatrix} I \\ 0 \\ 0 \\ 0 \end{bmatrix}$$

$$\begin{bmatrix} G_1+G_3+G_4 & -G_3-G_1 & -G_4 \\ -G_3 & G_3+sC_1+sC_2 & -sC_2 & 0 \\ -G_1 & G_1+G_2 & 0 \end{bmatrix} \begin{bmatrix} U_1 \\ U_2=U_3 \\ U_4 \end{bmatrix} = \begin{bmatrix} I \\ 0 \\ 0 \end{bmatrix}$$

$$\frac{U_0}{U_I} = \frac{U_4}{U_1} = \frac{\begin{vmatrix} -G_3 & G_3+sC_1+sC_2 \\ -G_1 & G_1+G_2 \end{vmatrix}}{\begin{vmatrix} G_3+sC_1+sC_2 & -sC_2 \\ G_1+G_2 & 0 \end{vmatrix}}$$

$$= \frac{-\cancel{G_3 G_1} - G_3 G_2 + \cancel{G_1 G_3} + G_1 sC_1 + G_1 sC_2}{sC_2(G_1+G_2)} = \frac{-G_3 G_2 + s(G_1 C_1 + G_1 C_2)}{sC_2(G_1+G_2)}$$

$$= \frac{\frac{1}{R_1}(sC_1+sC_2) - \frac{1}{R_2 R_3}}{\left(\frac{1}{R_1}+\frac{1}{R_2}\right) \cdot sC_2} = \frac{s(C_1+C_2) \cdot R_2 R_3 - R_1}{sC_2 \cdot R_3(R_1+R_2)}$$

3.8 a)

$$\begin{bmatrix} G & -G & 0 & 0 & 0 \\ -G & G+4sC & -sC & 0 & -s3C \\ 0 & -sC & G+sC & 0 & 0 \\ 0 & 0 & 0 & \frac{1}{\lambda}G+s2C & -s2C \\ \multicolumn{5}{c}{\text{OpAmp Current}} \end{bmatrix}$$

$$\Rightarrow \begin{bmatrix} G & -G & 0 & 0 \\ -G & G+s4C & -sC & -s3C \\ 0 & -sC & G+sC & 0 \\ 0 & 0 & \frac{1}{\lambda}G+s2C & -s2C \end{bmatrix} \begin{bmatrix} U_1 \\ U_2 \\ U_3=U_4 \\ U_5 \end{bmatrix} = \begin{bmatrix} I \\ 0 \\ 0 \\ 0 \end{bmatrix}$$

$$\frac{U_o}{U_I} = \frac{U_5}{U_1} = -\frac{\begin{vmatrix} -G & G+4sC & -sC \\ 0 & -sC & G+sC \\ 0 & 0 & \frac{1}{\lambda}G+s2C \end{vmatrix}}{\begin{vmatrix} G+s4C & -sC & -s3C \\ -sC & G+sC & 0 \\ 0 & \frac{1}{\lambda}G+s2C & -s2C \end{vmatrix}}$$

$$= \frac{G(\frac{1}{\lambda}GsC + 2s^2C^2)}{(G+4sC)(G+sC)(-2sC) - sC(-3sC(\frac{1}{\lambda}G+s2C)) - s(-2s^2)} = \frac{s \cdot \frac{1}{\lambda}G^2C + s^2 2GC^2}{\ldots}$$

$$= \frac{s \cdot \frac{1}{\lambda}G^2C + s \cdot 2GC^2}{s \cdot 2G^2C + s(10-\frac{3}{\lambda})GC^2} = \frac{\frac{1}{\lambda} + s \cdot 2RC}{2 + s(10-\frac{3}{\lambda}) \cdot RC}$$

Real part of poles < 0

b) $\Rightarrow 10 - \frac{3}{\lambda} > 0 \Rightarrow \boxed{\lambda > \frac{3}{10}}$

3.9

a) $\underline{u}_x = -(R + \frac{1}{j\omega C}) \cdot \frac{\underline{u}_I}{\underbrace{R}_{I_{IX}}} \Rightarrow -\frac{\underline{u}_x}{\underline{u}_I} = 1 + \frac{1}{j\omega RC}$

$ = 1 + \frac{1}{j2\pi f RC} = 1 - j \cdot \frac{f_0}{f}$

$\underline{u}_Y = -R \cdot \underline{u}_I \underbrace{(j\omega C + \frac{1}{R})}_{I_{IY}} \Rightarrow -\frac{\underline{u}_Y}{\underline{u}_I} = 1 + j\omega RC$

$ = 1 + j \cdot 2\pi f RC = 1 + j \cdot \frac{f}{f_0}$

$\underline{u}_0 = -R\left(\frac{\underline{u}_I}{R_1} + \frac{\underline{u}_x}{R} + \frac{\underline{u}_Y}{R}\right) = -\underline{u}_I \cdot \frac{R}{R_1} - \underline{u}_x - \underline{u}_Y$

$\Rightarrow \frac{\underline{u}_0}{\underline{u}_I} = -\frac{R}{R_1} + 1 - j \cdot \frac{f_0}{f} + 1 + j \cdot \frac{f}{f_0} = 2 - \frac{R}{R_1} + j\left(\frac{f}{f_0} + \frac{f_0}{f}\right)$

$\left|\frac{\underline{u}_0}{\underline{u}_I}\right|_{f=f_0} \overset{!}{=} 0 = 2 - \frac{R}{R_1} = 0$

$\Rightarrow 2 = \frac{R}{R_1} \Rightarrow R_1 = \frac{R}{2}$

$\left|\frac{\underline{u}_0}{\underline{u}_I}\right| = \frac{f}{f_0} + \frac{f_0}{f}$

3.10

a)

$$\begin{bmatrix} sC_1 & -sC_1 & 0 & 0 \\ -sC_1 & sC_1+sC_2+2G & -sC_2-G & 0 \\ 0 & -sC_2-G & sC_2+2G & -G \\ -- & \text{Output Current OpAmp} & -- & \end{bmatrix} \cdot \begin{bmatrix} u_1 \\ u_2 \\ u_3 \\ u_4 \end{bmatrix} = \begin{bmatrix} I \\ 0 \\ 0 \\ 0 \end{bmatrix}$$

$u_3 = 0 \Rightarrow$

$$\begin{bmatrix} sC_1 & -sC_1 & 0 \\ -sC_1 & sC_1+sC_2+2G & 0 \\ 0 & -sC_2-G & -G \end{bmatrix} \cdot \begin{bmatrix} u_1 \\ u_2 \\ u_4 \end{bmatrix} = \begin{bmatrix} I \\ 0 \\ 0 \end{bmatrix}$$

$$\frac{U_0}{U_I} = \frac{U_4}{U_1} = \frac{\begin{vmatrix} -sC_1 & s(C_1+C_2)+2G \\ 0 & -sC_2-G \end{vmatrix}}{\begin{vmatrix} s(C_1+C_2)+2G & 0 \\ -sC_2-G & -G \end{vmatrix}} = \frac{s^2 C_1 C_2 + sC_1 G}{-s(C_1+C_2)\cdot G - 2G^2}$$

$$= + \frac{s \cdot \frac{C_1}{G}(1+s\frac{C_2}{G})}{-2(1+s\frac{C_1+C_2}{2G})} = \frac{sRC_1(1+sRC_2)}{-2(1+sR\frac{(C_1+C_2)}{2})}$$

b) $C_1 = C_2$

$$G(s) = \frac{sRC(1+sRC)}{-2(1+sRC)} = -\frac{sRC}{2}$$

3.11

(Circuit: current source I at node 1, R_0 between nodes 1–2, R_1 between nodes 2–3, R_2 and C in parallel between nodes 3–4, op-amp with node 3 at inverting input, output node 4; $U_2 = 0$)

a)

$$\begin{bmatrix} G_0 & -G_0 & 0 & 0 \\ -G_0 & G_0+G_1 & -G_1 & 0 \\ 0 & -G_1 & G_1+G_2+sC & -G_2-sC \\ -- & \text{Output current Op Amp} & & \end{bmatrix} \begin{bmatrix} U_1 \\ U_2 \\ U_3 \\ U_4 \end{bmatrix} = \begin{bmatrix} I \\ 0 \\ 0 \\ 0 \end{bmatrix}$$

$$\begin{bmatrix} G_0 & 0 & 0 \\ -G_0 & -G_1 & 0 \\ 0 & G_1+G_2+sC & -G_2-sC \end{bmatrix} \begin{bmatrix} U_1 \\ U_3 \\ U_4 \end{bmatrix} = \begin{bmatrix} I \\ 0 \\ 0 \end{bmatrix}$$

$$G(s) = \frac{-G_0(G_1+G_2+sC)}{-G_1(-G_2-sC)} = -\frac{G_0 G_1 + G_0 G_2 + s\, G_0 C}{G_1 G_2 + s\, G_1 C}$$

$$= -\frac{G_0 G_1 + G_0 G_2}{G_1 G_2} \cdot \frac{1 + s \cdot \frac{G_0 C}{G_0 G_1 + G_0 G_2}}{1 + s \cdot \frac{G_1 C}{G_1 G_2}}$$

$$= -\frac{\frac{1}{R_0 R_1} + \frac{1}{R_0 R_2}}{\frac{1}{R_1 R_2}} \cdot \frac{1 + s \cdot \frac{\frac{1}{R_0}}{\frac{1}{R_0 R_1} + \frac{1}{R_0 R_2}} \cdot C}{1 + s \cdot R_2 C}$$

$$= -\frac{R_2 + R_1}{R_0} \cdot \frac{1 + s \cdot \frac{R_1 R_2}{R_1 + R_2} C}{1 + s \cdot R_2 C}$$

b)

(Bode-style sketch with markings: $\frac{R_2 + R_1}{R_0}$, $\frac{R_1}{R_0}$, $-\bar{A}$, $\frac{1}{R_2 C}$, $\frac{1}{(R_1 \| R_2) C}$)

3.12

$$\begin{bmatrix} G_1 & -G_1 & 0 & 0 & 0 \\ -G_1 & G_1+G_2 & 0 & 0 & -G_2 \\ 0 & 0 & G+sC & -G & 0 \\ 0 & 0 & -G & 2G+sC & -sC \\ & & \text{Op Amp Output Current} & & \end{bmatrix}$$

$$\Rightarrow \begin{bmatrix} G_1 & -G_1 & 0 & 0 \\ -G_1 & G_1+G_2 & 0 & -G_2 \\ 0 & G+sC & -G & 0 \\ 0 & -G & 2G+sC & -sC \end{bmatrix} \begin{bmatrix} U_1 \\ U_2=U_3 \\ U_4 \\ U_5 \end{bmatrix} = \begin{bmatrix} I \\ 0 \\ 0 \\ 0 \end{bmatrix}$$

$$\frac{U_0}{U_I} = \frac{U_5}{U_1} = \frac{(-1)^{1+4}\cdot \det[Y]_{1,4}}{(-1)^{1+1}\cdot \det[Y]_{1,1}} = -\frac{\begin{vmatrix} G_1 & G_1+G_2 & 0 \\ 0 & G+sC & -G \\ 0 & -G & 2G+sC \end{vmatrix}}{\begin{vmatrix} G_1+G_2 & 0 & -G_2 \\ G+sC & -G & 0 \\ -G & 2G+sC & -sC \end{vmatrix}}$$

$$= -\frac{G_1[(G+sC)(2G+sC)-G^2]}{(G_1+G_2)(sCG) + (G+sC)(-G_2\cdot 2G - G_2 sC) + G\cdot G\cdot G_2} = -\frac{G_1(s^2C^2+s3CG+G^2)}{\begin{aligned} & s^2(-G_2 C^2) \\ & +s(-2G_2 GC + G_1 GC) \\ & - G^2 G_2 \end{aligned}}$$

$$= -\frac{G_1(s^2C^2+s3CG+G^2)}{s^2(-G_2 C^2)+s(-2G_2 GC + G_1 GC) - G^2 G_2}$$

$$= \frac{G_1\left(s^2 + s3\frac{G}{C} + \frac{G^2}{C^2}\right)}{-G_2\left(s^2 + s\left(2\frac{G}{C} - \frac{G_1}{G_2}\cdot\frac{G}{C}\right) + \frac{G^2}{C^2}\right)} = -\frac{R_2}{R_1}\frac{s^2 + s\cdot 3\omega_0 + \omega_0^2}{s^2 + s\left(2-\frac{R_2}{R_1}\right)\omega_0 + \omega_0^2}$$

$$\text{with } \omega_0 = \frac{1}{RC}$$

3.13

$$\begin{bmatrix} sC & -sC & 0 & 0 \\ sC & \lambda G+2sC & -sC & -\lambda G \\ 0 & -sC & G+sC & 0 \\ \multicolumn{4}{l}{\text{Output current Op Amp}} \end{bmatrix} \begin{bmatrix} U_1 \\ U_2 \\ U_3 \\ U_4 \end{bmatrix} = \begin{bmatrix} I \\ 0 \\ 0 \\ 0 \end{bmatrix}$$

$$\begin{bmatrix} sC & -sC & 0 \\ -sC & \lambda G+2sC & -\lambda G-sC \\ 0 & -sC & G+sC \end{bmatrix} \begin{bmatrix} U_1 \\ U_2 \\ U_4 \end{bmatrix} = \begin{bmatrix} I \\ 0 \\ 0 \end{bmatrix} \quad \text{High-pass filter}$$

$$G(s) = \frac{(-1)^{1+3} \cdot \det[Y]_{1,3}}{(-1)^{1+1} \cdot \det[Y]_{1,1}} = \frac{s^2 C^2}{(\lambda G+2sC)(G+sC) + sC(-\lambda G-sC)}$$

$$= \frac{s^2 C^2}{s^2 C^2 + s2GC + \lambda G^2} = \frac{s^2}{s^2 + s\frac{2G}{C} + \lambda \frac{G^2}{C^2}} = \frac{s^2}{s^2 + \frac{\omega_0}{q}s + \omega_0^2}$$

$$\omega_0 = \sqrt{\lambda} \cdot \frac{1}{RC} \quad ; \quad \frac{\omega_0}{q} = \frac{2}{RC} \Rightarrow q = \frac{\omega_0 \cdot RC}{2} = \frac{\sqrt{\lambda}}{2}$$

$$q = \frac{\sqrt{\lambda}}{2} \Rightarrow \sqrt{\lambda} = 2q \Rightarrow \lambda = 4q^2 = \underline{2}$$

$$\omega_0 = \sqrt{\lambda} \cdot \frac{1}{RC} = \frac{\sqrt{2}}{RC} \Rightarrow R = \frac{\sqrt{2}}{\omega_0 C} = 22{,}735 k\Omega$$
$$\Rightarrow G = 43{,}985 \mu S$$

3.14

a)

$U_{AB} = U_{C_1} + U_{R_1} + U_{R_2}$

$U_{C_1} = \dfrac{I_I}{sC_1}$

$U_{R_1} = I_I \cdot R_1$

$U_{R_2} = (I_I + I_{C_2}) \cdot R_2$

$I_{C_2} = U_{R_1} \cdot sC_2 = I_I \cdot R_1 \cdot sC_2$

$Z_I = \dfrac{U_{AB}}{I_I} = \dfrac{U_{C_1} + U_{R_1} + U_{R_2}}{I_I} = \dfrac{1}{sC_1} + R_1 + R_2 + s \cdot R_1 R_2 C_2$

b)

C_1

$R_1 R_2 C_2 = L$

$R_1 + R_2$

$\omega_0 = \dfrac{1}{\sqrt{LC_1}} = \dfrac{1}{\sqrt{R_1 R_2 C_1 C_2}}$

$\dfrac{1}{sC_1} + s \cdot R_1 R_2 C_2 \stackrel{!}{=} 0$

$s \to j\omega$

$\dfrac{1}{j\omega_0 C_1} + j\omega_0 \cdot R_1 R_2 C_2 = 0$

$\Rightarrow -j \cdot \dfrac{1}{\omega_0 C_1} + j\omega_0 \cdot R_1 R_2 C_2 \stackrel{!}{=} 0 \Rightarrow \omega_0^2 = \dfrac{1}{R_1 R_2 C_1 C_2}$

$\Rightarrow \omega_0 = \dfrac{1}{\sqrt{R_1 R_2 C_1 C_2}}$

c)

$U_+ = U_I \cdot \dfrac{R_1 + R_2}{R_1 + R_2 + R_3}$

$U_- = U_I \cdot \dfrac{R_5}{R_4 + R_5} + U_0 \cdot \dfrac{R_4}{R_4 + R_5}$

$U_- = U_+$

$\Rightarrow U_I \cdot \dfrac{R_1 + R_2}{R_1 + R_2 + R_3} = U_I \cdot \dfrac{R_5}{R_4 + R_5} + U_0 \cdot \dfrac{R_4}{R_4 + R_5}$

$\dfrac{U_0}{U_I} = \left(\dfrac{R_1 + R_2}{R_1 + R_2 + R_3} - \dfrac{R_5}{R_4 + R_5} \right) \cdot \left(\dfrac{R_4 + R_5}{R_4} \right) = \dfrac{(R_1 + R_2)(R_4 + R_5)}{R_4 (R_1 + R_2 + R_3)} - \dfrac{R_5}{R_4}$

$= \dfrac{(R_1 + R_2) \cdot R_4 - R_3 R_5}{R_4 (R_1 + R_2 + R_3)} \Rightarrow (R_1 + R_2) R_4 = R_3 R_5$

$\Rightarrow U_0 = 0$ Detection of ω_0

3.15

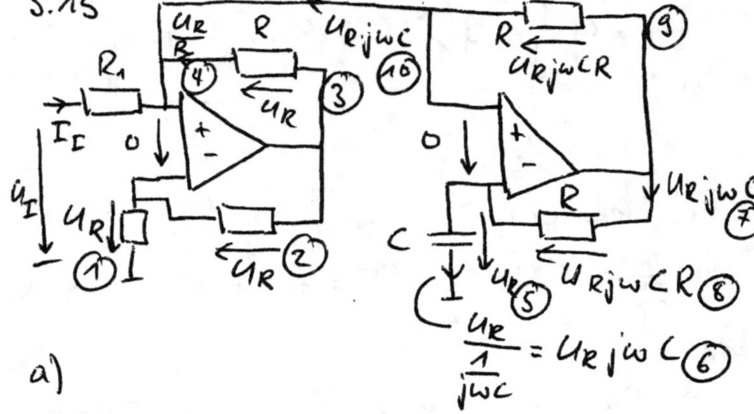

a)

$$\underline{u}_I = \underline{I}_I \cdot R_1 + \underline{u}_R$$

$$\underline{I}_I = -\frac{\underline{u}_R}{R} - \underline{u}_R \cdot j\omega C = -\underline{u}_R\left(j\omega C + \frac{1}{R}\right)$$

$$= -\frac{\underline{u}_R(1+j\omega C R)}{R}$$

$$\underline{Z}_I = \frac{\underline{u}_I}{\underline{I}_I} = R_1 + \frac{\underline{u}_R}{\underline{I}_I} = R_1 - \frac{R}{1+j\omega RC}$$

b)

$$\underline{Z}_I = R_1 - \frac{R(1-j\omega RC)}{(1+j\omega RC)(1-j\omega RC)} = R_1 - \frac{R(1-j\omega RC)}{1+\omega^2 C^2 R^2}$$

Real part $= 0$

$$\Rightarrow R_1 - \frac{R}{1+\omega^2 C^2 R^2} \stackrel{!}{=} 0$$

$$\Rightarrow R_1 \stackrel{!}{=} \frac{R}{1+\omega^2 R^2 C^2}$$

$$\underline{Z}_I = j\omega \cdot \frac{CR^2}{1+\omega^2 C^2 R^2}$$

3.16

$u_3 = u_4$

$$\begin{bmatrix} sC_1 & -sC_1 & 0 & 0 \\ -sC_1 & sC_1+sC_2+G & -sC_2 & -G \\ 0 & -sC_2 & sC_2+G & 0 \\ \text{OpAmp Output current} & & & \end{bmatrix} \begin{bmatrix} sC_1 & -sC_1 & 0 \\ -sC_1 & sC_1+sC_2+G \\ & & -sC_2-G \\ 0 & -sC_2 & sC_2+G \end{bmatrix}$$

$$G(s) = \frac{\begin{vmatrix} -sC_1 & sC_1+sC_2+G \\ 0 & -sC_2 \end{vmatrix}}{\begin{vmatrix} sC_1+sC_2+G & -sC_2-G \\ -sC_2 & sC_2+G \end{vmatrix}} = \frac{s^2 C_1 C_2}{\begin{array}{c} s^2 C_1 C_2 + s^2 C_2^2 + sC_2 G \\ + sC_1 G + sC_2 G + G^2 \\ - s^2 C_2^2 - sC_2 G \end{array}}$$

$$= \frac{s^2 C_1 C_2}{s^2 C_1 C_2 + sG(C_1+C_2) + G^2} = \frac{s^2}{s^2 + sG \cdot \frac{C_1+C_2}{C_1 C_2} + \frac{G^2}{C_1 C_2}}$$

$$= \frac{s^2}{s^2 + s \cdot \frac{\omega_0}{q} + \omega_0^2} \Rightarrow \omega_0 = \frac{G}{\sqrt{C_1 C_2}}$$

$$\Rightarrow C_1 + C_2 = 79{,}6 nF \qquad \frac{\omega_0}{q} = G \cdot \frac{C_1+C_2}{C_1 \cdot C_2}$$

$C_1 \cdot C_2 = 1{,}583 \cdot 10^{-15} F^2$

$$\Rightarrow C_1 = C_2 = \underline{39{,}8 nF}$$

3.17

$$\begin{bmatrix} sC & -sC & 0 & 0 \\ -sC & sC+G_x & 0 & -G_x \\ 0 & 0 & sC+G & -G \\ \multicolumn{4}{l}{\text{unknown OpAmp current}} \end{bmatrix} \begin{matrix} \\ u_2=? \\ u_3=? \\ \\ \end{matrix} \begin{bmatrix} sC & -sC & 0 \\ -sC & sC+G_x & -G_x \\ 0 & sC+G & -G \end{bmatrix}$$

$$\frac{U_o}{U_I} = \frac{\begin{vmatrix} -sC & sC+G_x \\ 0 & sC+G \end{vmatrix}}{\begin{vmatrix} sC+G_x & -G_x \\ sC+G & -G \end{vmatrix}} = \frac{-s^2C^2 - sCG}{-sCG - G G_x + sCG_x + G G_x}$$

$$= \frac{sC(-sC-G)}{sC(-G+G_x)} = \frac{-s\frac{C}{G} - 1}{-1 + \frac{G_x}{G}} = \frac{sRC+1}{1 - \frac{R}{R_x}}$$

$R_x < R \rightarrow$ negative Denominator
  $\rightarrow$ positive feedback loop,
  Circuit is a non inverting circuit
  $\rightarrow$ no valid transfer function

$R_x > R \implies \frac{1}{1-\frac{R}{R_o}} = \frac{R_o}{R_o - R}$; $\tau = R \cdot C$

$\frac{R_o}{R_o - R} \rightarrow$

|G| graph rising at $1/\tau$ vs ω

$90°$ phase graph rising at $1/\tau$ vs ω

3.18

a)

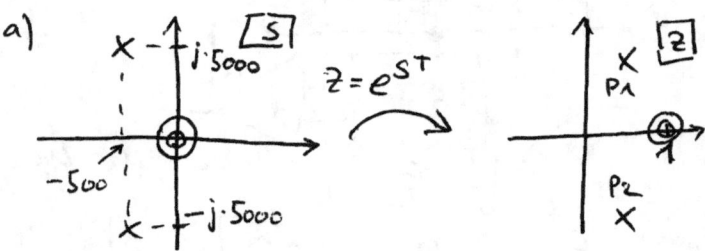

$$P_{1,2} = \exp(-500T \pm j\cdot 5000T) = \exp(-500T)\cdot \exp(j\cdot 5000T)$$

b)

$$H(z) = \frac{(z-1)(z-1)}{(z-p_1)(z-p_2)} = \frac{z^2 - 2z + 1}{z^2 - z(p_1+p_2) + p_1 p_2}$$

$$p_1 + p_2 = e^{-500T}(e^{j5000T} + e^{-j5000T})$$

$$= e^{-500T} \cdot 2\cos(5000\cdot T) \quad \bigg|\cos x = \frac{e^{ix} + e^{-ix}}{2}$$

$$= \underline{1.667}$$

$$p_1 \cdot p_2 = e^{-500T} \cdot e^{j5000T} \cdot e^{-500T} \cdot e^{-j5000T}$$

$$= e^{-1000T} = e^{-0.1} = \underline{0.904}$$

$$\Rightarrow H(z) = \frac{z^2 - 2z + 1}{z^2 - 1.667 z + 0.904}$$

c)

Real-Time Task [all 100 µs]

```
Read u_1
u_2 = u_1 - 2·u_{1 old} + u_{1 old old} + 1.667·u_{2 old}
                                        - 0.904 u_{2 old old}
u_{1 old old} = u_{1 old}
u_{1 old} = u_1
u_{2 old old} = u_{2 old}
u_{2 old} = u_2
```

3.19

a)

$$\begin{bmatrix} G_1 & 0 & 0 & 0 & -G_1 \\ \text{OpAmp Output Current unknown} \\ 0 & -G_3 & sC+G_3 & 0 & -sC \\ 0 & -G_4 & 0 & G_4+G_2 & 0 \\ \text{OpAmp Output current unknown} \end{bmatrix} \cdot \begin{bmatrix} U_1 \\ U_2 \\ U_3 \\ U_4 \\ U_5 \end{bmatrix} = \begin{bmatrix} I \\ 0 \\ 0 \\ 0 \\ 0 \end{bmatrix}$$

$$\begin{bmatrix} G_1 & 0 & -G_1 \\ sC+G_3 & -G_3 & -sC \\ G_4+G_2 & -G_4 & 0 \end{bmatrix} \cdot \begin{bmatrix} U_1=U_3=U_4 \\ U_2 \\ U_5 \end{bmatrix} = \begin{bmatrix} I \\ 0 \\ 0 \end{bmatrix}$$

$$\frac{U_5}{U_1} = \frac{\begin{vmatrix} sC+G_3 & -G_3 \\ G_4+G_2 & -G_4 \end{vmatrix}}{\begin{vmatrix} -G_3 & -sC \\ -G_4 & 0 \end{vmatrix}} = \frac{-sCG_4 - G_3G_4 + G_2G_4 + G_3G_2}{-sCG_4}$$

$$= 1 + \frac{G_3G_2}{-sCG_4} \implies U_5 - U_1 = U_1 \cdot \frac{G_3G_2}{-sCG_4} = -I_I \cdot \frac{1}{G_1}$$

$$\implies \frac{U_1}{I_I} = Z_I = \frac{sCG_4}{G_1G_2G_3} = s \cdot \frac{CR_1R_2R_3}{R_4} = s \cdot L$$

b) Inductance

3.20

[circuit diagram with current source I, nodes 1,2,3,4, resistors R, capacitor C, op-amp with gain K]

$U_4 = k \cdot U_2 \iff U_2 = \dfrac{U_4}{k}$

$$\begin{bmatrix} sC+G & -sC-G & 0 & 0 \\ -sC-G & sC+2G & -G & 0 \\ 0 & -G & sC+G & -sC \\ \multicolumn{4}{l}{\text{OpAmp Output current unknown}} \end{bmatrix} \Rightarrow \begin{bmatrix} sC+G & 0 & \dfrac{-sC-G}{k} \\ -sC-G & -G & \dfrac{sC+2G}{k} \\ 0 & sC+G & -\dfrac{G}{k}-sC \end{bmatrix}$$

$$G(s) = \dfrac{\begin{vmatrix} -sC-G & -G \\ 0 & sC+G \end{vmatrix}}{\begin{vmatrix} -G & sC+2G \\ sC+G & -\dfrac{G}{k}-sC \end{vmatrix}} = \dfrac{-sC^2 - sCG - sCG - G^2}{\dfrac{G^2}{k} + sCG - \dfrac{s^2C^2}{k} - \dfrac{s2GC}{k} - \dfrac{sGC}{k} - \dfrac{2G}{k}}$$

$$= \dfrac{s^2C^2 + s2GC + G^2}{\dfrac{s^2C^2}{k} + s\left(\dfrac{3GC}{k} - GC\right) + \dfrac{G^2}{k}} = \dfrac{k(s^2C^2 + s2GC + G^2)}{s^2C^2 + s(3GC - kGC) + G^2}$$

$$= \dfrac{k\left(s^2 + s \cdot \dfrac{2}{RC} + \dfrac{1}{R^2C^2}\right)}{s^2 + s\left(\dfrac{3-k}{RC}\right) + \dfrac{1}{R^2C^2}}$$

b) $K = 0$

$s^2 + s\left(\dfrac{3}{RC}\right) + \dfrac{1}{R^2C^2} = 0$

$K = 3$

$s^2 + \dfrac{1}{R^2C^2} = 0$

$P_{1,2} = -\dfrac{3 \pm \sqrt{5}}{2} \cdot \dfrac{1}{RC} = \begin{cases} -0{,}38 \cdot 10^3 \, s^{-1} \\ -2{,}61 \cdot 10^{+3} \, s^{-1} \end{cases}$

$P_{1,2} = \begin{cases} +j \cdot 10^3 \, s^{-1} \\ -j \cdot 10^3 \, s^{-1} \end{cases}$

[s-plane pole diagram: k=0 poles on real axis, k=3 poles on imaginary axis]

99

3.21

Tustin's method

$$s \to \frac{2}{T} \cdot \frac{z-1}{z+1}$$

a) $\dfrac{U_0}{U_I} = -\dfrac{R_2 \| C}{R_1} = -\dfrac{\frac{R_2}{sC}}{R_1 (R_2 + \frac{1}{sC})} = -\dfrac{R_2}{R_1} \cdot \dfrac{1}{1+sR_2C}$

b) $\dfrac{U_0}{U_I} = -\dfrac{R_2}{R_1} \cdot \dfrac{1}{1+\frac{2}{T} \cdot \frac{z-1}{z+1} \cdot R_2 C} = -\dfrac{R_2}{R_1} \cdot \dfrac{z+1}{z+1+\frac{2}{T}(z-1) \cdot R_2 C}$

$= -\dfrac{R_2}{R_1} \cdot \dfrac{z+1}{1-\frac{2}{T} R_2 C + z(1+\frac{2}{T} R_2 C)}$

$= -\dfrac{R_2}{R_1} \cdot \dfrac{1+z^{-1}}{z^{-1}(1-\frac{2}{T} R_2 C) + 1 + \frac{2}{T} R_2 C}$

c) $\dfrac{U_0}{U_I} = -10 \cdot \dfrac{1+z^{-1}}{z^{-1}(-19)+21} = \dfrac{-10-10z^{-1}}{21-19z^{-1}}$

$\Rightarrow U_0 (21 - 19 z^{-1}) = U_I (-10 - 10 z^{-1})$

$\Rightarrow U_0 = U_I \cdot \left(-\dfrac{10}{21}\right) + U_I \left(-\dfrac{10}{21}\right) \cdot z^{-1} + U_0 \cdot \dfrac{19}{21} \cdot z^{-1}$

$= U_I \cdot \left(-\dfrac{10}{21}\right) + U_{I\,old} \cdot \left(-\dfrac{10}{21}\right) + U_{0\,old} \left(\dfrac{19}{21}\right)$

$U_0(0) = \left(-\dfrac{10}{21} + 0 + 0\right) = -0{,}476$

$U_0(T) = \left(-\dfrac{10}{21} - \dfrac{10}{21} - \dfrac{10}{21} \cdot \dfrac{19}{21}\right) = -1{,}38$

$U_0(2T) = \left(-\dfrac{10}{21} - \dfrac{10}{21} - \dfrac{19}{21} \cdot 1{,}38\right) = -2{,}203$

3.22

$$\begin{bmatrix} sC_1 & -sC_1 & 0 & 0 \\ -sC_1 & sC_1+G_1+G_2 & -G_2 & -G_1 \\ 0 & -G_2 & sC_2+G_2 & 0 \\ \multicolumn{4}{l}{\text{Unknown Current of OpAmp}} \end{bmatrix} \begin{bmatrix} U_1 \\ U_2 \\ U_3 \\ U_4 \end{bmatrix} = \begin{bmatrix} I \\ 0 \\ 0 \\ 0 \end{bmatrix}$$

$U_3 = -\dfrac{U_4}{k}$

$$\begin{bmatrix} sC_1 & -sC_1 & 0 \\ -sC_1 & sC_1+G_1+G_2 & \dfrac{G_2}{k}-G_1 \\ 0 & -G_2 & -\dfrac{sC_2}{k}-\dfrac{G_2}{k} \end{bmatrix} \begin{bmatrix} U_1 \\ U_2 \\ U_4 \end{bmatrix} = \begin{bmatrix} I \\ 0 \\ 0 \end{bmatrix}$$

$\dfrac{U_4}{U_1} = \dfrac{\begin{vmatrix} -sC_1 & sC_1+G_1+G_2 \\ 0 & -G_2 \end{vmatrix}}{\begin{vmatrix} sC_1+G_1+G_2 & \dfrac{G_2}{k}-G_1 \\ -G_2 & -\dfrac{sC_2}{k}-\dfrac{G_2}{k} \end{vmatrix}}$

$\dfrac{U_4}{U_1} = \dfrac{sC_1 G_2}{-s^2 \dfrac{C_1 C_2}{k} - s \dfrac{(G_1+G_2)\cdot C_2}{k} - \dfrac{sG_2 C_1}{k} - \dfrac{G_1 G_2}{k} - \dfrac{G_1 G_2}{k} + \dfrac{G_2^2}{k} - G_1 G_2}$

$= \dfrac{sC_1 G_2}{-s^2 \dfrac{C_1 C_2}{k} - s\dfrac{(G_1+G_2)\cdot C_2 + G_2 C_1}{k} - \dfrac{G_1 G_2}{k} - G_1 G_2}$

$= \dfrac{-s\cdot k \cdot \dfrac{G_2}{C_2}}{+s^2 + s\left[\dfrac{G_1+G_2}{C_1} + \dfrac{G_2}{C_2}\right] + \dfrac{G_1 G_2 (1+k)}{C_1 \cdot C_2}}$

b)

$k = \dfrac{R_Y}{R_X}$

3.23

a)

$R = 10k$
$C = 10\mu F$
$n = 99$

$U_2 = U_3$

$$\begin{bmatrix} G & -G & 0 & 0 \\ -G & G+\frac{1}{n}G+sC & 0 & -\frac{1}{n}G \\ 0 & 0 & G+\frac{1}{n}\cdot G & -\frac{1}{n}\cdot G \\ \text{OpAmp} & \text{output} & \text{current} & \end{bmatrix} \circ \begin{bmatrix} U_1 \\ U_2 \\ U_3 \\ U_4 \end{bmatrix} = \begin{bmatrix} I \\ 0 \\ 0 \\ 0 \end{bmatrix}$$

$$\begin{bmatrix} G & -G & 0 \\ -G & G(1+\frac{1}{n})+sC & -\frac{1}{n}G \\ 0 & G(1+\frac{1}{n}) & -\frac{1}{n}G \end{bmatrix} \circ \begin{bmatrix} U_1 \\ U_2=U_3 \\ U_4 \end{bmatrix} = \begin{bmatrix} I \\ 0 \\ 0 \end{bmatrix}$$

$$G(s) = \frac{-G(G(1+\frac{1}{n}))}{(G(1+\frac{1}{n})+sC)(-\frac{1}{n}G)+(\frac{1}{n}G)(G+\frac{1}{n})}$$

$= \dfrac{-G^2(1+\frac{1}{n})}{-\frac{1}{n}G\cdot sC} = \dfrac{G(1+\frac{1}{n})}{\frac{1}{n}\cdot sC} = \dfrac{1+\frac{1}{n}}{\frac{1}{n}\cdot sRC} = \dfrac{n+1}{sRC} = \dfrac{1}{s\tau}$

b) $\tau = \dfrac{RC}{n+1} = 1ms$

Integrator →

3.24

a) $U_o = -\dfrac{(U_I - U_H) \cdot R_2}{R_1}$; $U_H = -\dfrac{Z_p}{R_0} \cdot U_I$

$Z_p = \dfrac{1}{sC + \frac{1}{R_0}} = \dfrac{R_0}{1 + sR_0C} \Rightarrow U_H = -U_I \cdot \dfrac{1}{1 + sR_0C}$

$G(s) = -\dfrac{\left(1 - \frac{Z_p}{R_0}\right)}{R_1} \cdot R_2 = \left(-1 + \dfrac{1}{1 + sR_0C}\right) \dfrac{R_2}{R_1} = \dfrac{-1 - sR_0C + 1}{1 + sR_0C} \cdot \dfrac{R_2}{R_1}$

$= -\dfrac{s \cdot R_0 C}{1 + sR_0C} \cdot \dfrac{R_2}{R_1}$

b) $I_I = \dfrac{U_I}{R_0} + \dfrac{U_I}{R_1} \Rightarrow Z_I = \dfrac{U_I}{I_I} = \dfrac{1}{\frac{1}{R_1} + \frac{1}{R_0}} = \dfrac{R_1 R_0}{R_1 + R_0}$

3.25

$P_{1,2} = [-50 \pm j \cdot 500] \, s^{-1}$

$P_{3,4} = [-500 \pm j \cdot 1000] \, s^{-1}$

$\omega_0 = \sqrt{\omega^2 + \sigma^2}$; $q = \dfrac{\omega_0}{2\sigma}$

$\omega_{01} = 502{,}4 \, s^{-1}$ $q_1 = 5{,}024$

$\omega_{02} = 1118 \, s^{-1}$ $q_2 = 1{,}118$

$G(s) = k \cdot \dfrac{1}{s^2 + s \cdot \frac{\omega_{01}}{q_1} + \omega_{01}^2} \cdot \dfrac{1}{s^2 + s \cdot \frac{\omega_{02}}{q_2} + \omega_{02}^2}$

① $\omega_0 = \dfrac{1}{RC}$ ② $q = \dfrac{1}{3-k}$ (Sallen-Key-Filter)

① $R = \dfrac{1}{\omega_0 C} \Rightarrow R_1 = 19{,}904 \, \Omega$ ② $3 - k = \dfrac{1}{q}$ $k_1 = 2{,}8$

$R_2 = 8{,}945 \, \Omega$ $\Rightarrow k = 3 - \dfrac{1}{q}$ $k_2 = 2{,}1$ $R_0 = 10k$

4.1.

Lower Comparator

$u_{IN} > \frac{U_{CC}}{3} \Rightarrow$ Low (0)
$u_{IN} < \frac{U_{CC}}{3} \Rightarrow$ High (1) $\Big\}$ for S

Upper Comparator

$u_{IN} > \frac{2U_{CC}}{3} \Rightarrow$ High (1)
$u_{IN} < \frac{2U_{CC}}{3} \Rightarrow$ Low (0) $\Big\}$ for R

Hysteresis Curve

4.2

(circuit: u_I source, $R_1 = 10k\Omega$, $U_B = 20V$, op-amp with $R_3 = 1M\Omega$ and $R_2 = 10k\Omega$ feedback, output U_o)

a)

(graph: U_o vs u_I, hysteresis curve with $U_{o+} = 15V$, $U_{o-} = 0V$, thresholds U_{S+}, U_{S-})

U_{S-}: $U_o = U_{o+} = U_B$

$$U_{S-} = U_B \cdot \frac{R_2}{R_2 + R_3 \| R_1}$$

$$= 15V \cdot \frac{10k\Omega}{10k\Omega + 9{,}9k\Omega}$$

$$= \underline{7{,}54V}$$

U_{S+}: $U_o = U_{o-} = 0V$

$$U_{S+} = U_B \cdot \frac{R_2 \| R_3}{R_2 \| R_3 + R_1}$$

$$= 15V \cdot \frac{9{,}9k\Omega}{9{,}9k\Omega + 10k\Omega} = \underline{7{,}46V}$$

b) asymmetric power supply

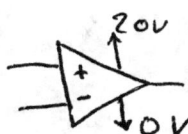

4.3

a), b)

$$U_{S-} = U_{o+} \cdot \frac{R_1}{R_1+R_2}$$

$$U_{S+} = U_{o-} \cdot \frac{R_1}{R_1+R_2}$$

$$U_H = U_{S-} - U_{S+}$$

$$= U_{o+} \cdot \frac{R_1}{R_1+R_2} - U_{o-} \cdot \frac{R_1}{R_1+R_2}$$

$$\Rightarrow U_H(R_2+R_1) = R_1(U_{o+} - U_{o-})$$

$$\Rightarrow U_H \cdot R_2 = R_1(U_{o+} - U_{o-} - U_H)$$

$$\Rightarrow R_1 = \frac{U_H \cdot R_2}{U_{o+} - U_{o-} - U_H} = \frac{5V \cdot 100k}{15V+12V-5V} = \underline{22{,}7k\Omega}$$

$$U_{S-} = U_{o+} \cdot \frac{R_1}{R_1+R_2} = 15V \cdot \frac{22{,}7k\Omega}{100k+22{,}7k\Omega} = \underline{2{,}78V}$$

$$U_{S+} = U_{o-} \cdot \frac{R_1}{R_1+R_2} = -12V \cdot \frac{22{,}7k\Omega}{100k\Omega+22{,}7k\Omega} = \underline{-2{,}22V}$$

4.4
$U_{S+} = -10V \cdot \dfrac{6{,}8k\Omega}{6{,}8k\Omega + 3{,}3k\Omega} = -6{,}7V$; $U_{S-} = +6{,}7V$

a) b)

4.5
a) $U_{S-} = \dfrac{(U_{CC} - U_B) \cdot R_1}{R_1 + R_2} + U_B$; $U_{S+} = \dfrac{(-U_{CC} - U_B) \cdot R_1}{R_1 + R_2} + U_B$

① $U_{S-}(R_1 + R_2) = U_{CC} \cdot R_1 + U_B \cdot R_2$

② $U_{S+}(R_1 + R_2) = -U_{CC} \cdot R_1 + U_B \cdot R_2$

① - ② $(U_{S-} - U_{S+})(R_1 + R_2) = 2 \cdot U_{CC} \cdot R_1$

$\Rightarrow (U_{S-} - U_{S+}) \cdot R_2 = R_1(-U_{S-} + U_{S+} + 2U_{CC})$

$\Rightarrow \dfrac{R_2}{R_1} = \dfrac{2U_{CC} - U_S^- + U_S^+}{U_{S-} - U_{S+}} = \dfrac{30V - 10V + 5V}{5V} = 5$

$\underline{R_1 = 10k\Omega}$; $\underline{R_2 = 50k\Omega}$

$U_B = \dfrac{U_{S-}(R_1 + R_2) - U_{CC} \cdot R_1}{R_2} = 9V$

b)
$U_{S-} = \dfrac{(12V - 9V) \cdot 10k\Omega}{60k\Omega} + 9V = \underline{9{,}5V}$; $U_{S+} = \dfrac{(-12V - 9V) \cdot 10k\Omega}{60k\Omega} + 9V = \underline{5{,}5V}$

4.6.

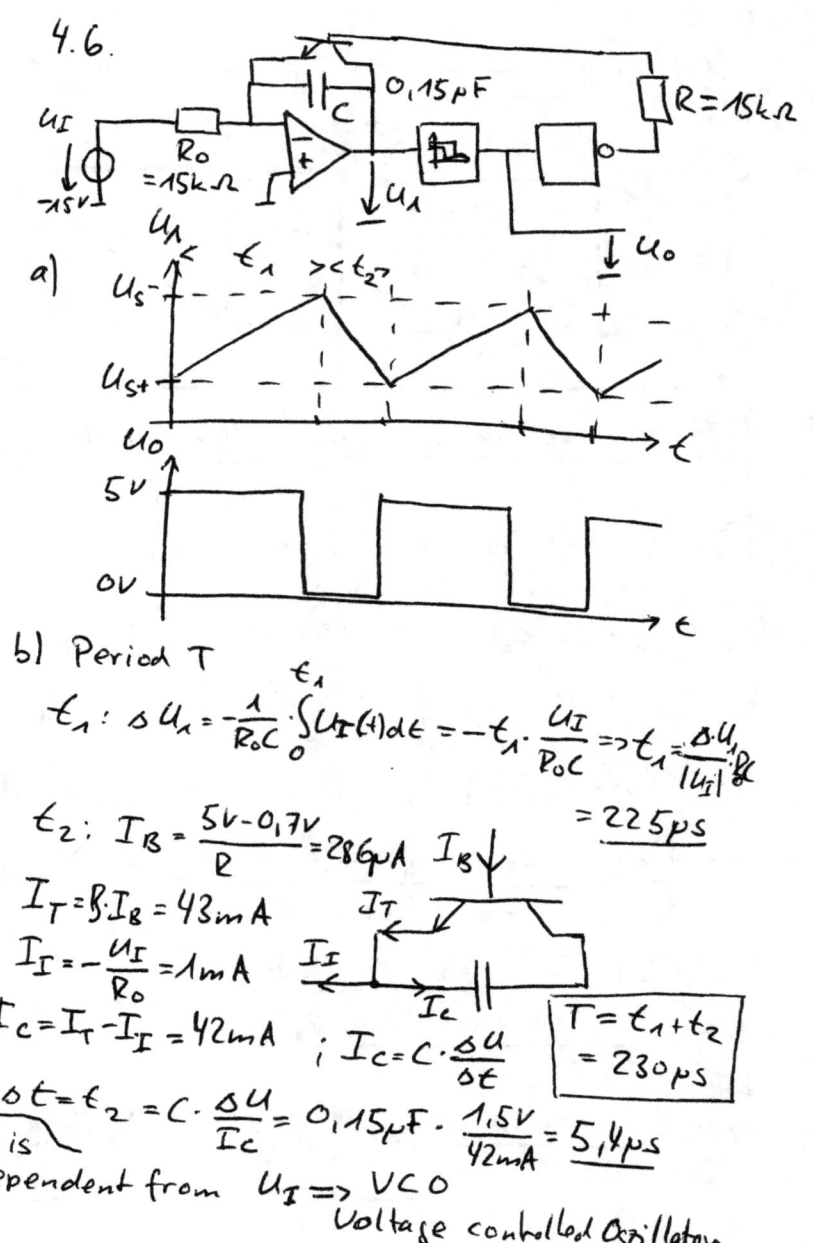

a)

b) Period T

$t_1: \Delta u_1 = -\frac{1}{R_0 C}\int_0^{t_1} u_I(t)\,dt = -t_1 \cdot \frac{u_I}{R_0 C} \Rightarrow t_1 = \frac{\Delta u_1}{|u_I|} \cdot R_0 C$

$= 225\,\mu s$

$t_2: I_B = \frac{5V - 0.7V}{R} = 286\,\mu A$

$I_T = \beta \cdot I_B = 43\,mA$

$I_I = -\frac{u_I}{R_0} = 1\,mA$

$I_C = I_T - I_I = 42\,mA$; $I_C = C \cdot \frac{\Delta u}{\Delta t}$

$\boxed{T = t_1 + t_2 = 230\,\mu s}$

$\Delta t = t_2 = C \cdot \frac{\Delta u}{I_C} = 0.15\,\mu F \cdot \frac{1.5V}{42\,mA} = 5.4\,\mu s$

T is Dependent from $u_I \Rightarrow$ VCO
Voltage controlled Oscillator

www.ingramcontent.com/pod-product-compliance
Lightning Source LLC
Chambersburg PA
CBHW071212240526
45470CB00018B/1814